手を使って伸ばす図形センス

スゴイ！親子で楽しく学べるコンパス作図ドリル

監修　上里龍生

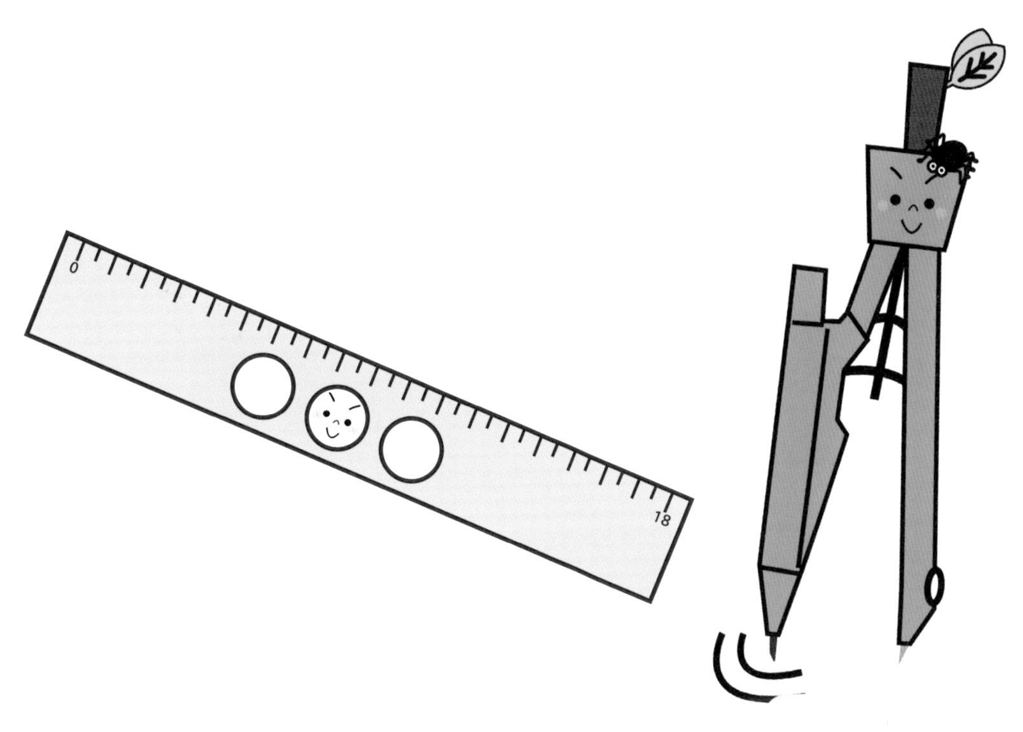

エッセンシャル出版社

スゴイ！コンパスはじめ

作図にはコンパスと直線定規と作図用鉛筆を使います。
コンパスは、造りのしっかりしたものを使いましょう。
鉛筆式とシャープペンシル式のものがありますが、
シャープペンシル式で２Ｂの芯を使うと良いでしょう。
ねじが緩んでいないか、芯は入っているか確かめて、
いつでも使えるように整えておきましょう。

推奨のコンパスは、
『スーパーコンパスいろはシャープ用』です。

推奨定規は18cmのもので
定規を使い慣れていない場合は、
指置きがついているものが良いです。

マークのあるページの問題プリントはエッセンシャル出版社の
ホームページからダウンロードしてくり返し取り組むことができます。
https://www.essential-p.com/2021/07/21/sugoi_compass_book/

ス作図ドリル
る前に

コンパスを上手に使えば
こんなきれいな模様が描けるよ！

おとなの方へ

監修によせて コンパス

図形センスをグン

作図とは、円を描くコンパスと直線を引く定規を使って、さまざまな幾何学模様を描くことです。そして､図形の性質を知るためには、作図に勝る方法はありません。しかし最近の子どもたちは、手先が大変不器用になっているといわれています。
確かに定規を使って正確に直線を引くこともコンパスで円を描くことも上手ではありません。算数や数学で扱う図形問題で、大変不得意な子がいるのは、図形を幾何学模様として見ることができていないからです。

『コンパス作図ドリル』は、作図の方法を憶えて描くための教材ではありません。作図の方法だけを憶えても、それはあまり役には立ちません。そうではなく、むしろ作図によって、図形の性質や図形の不思議を発見するための教材です。

と定規で、
グン伸ばす!

コンパスや定規を使いこなせるようになると、自分自身の作図のアイディアも浮かんできます。これは大変楽しいものです。『コンパス作図ドリル』によって図形の本質を見る目が養われ、作図の楽しさと手を使うことの重要さに気付いてくれることを信じています。

仔羊幼稚園　園長／
FA研（日本幼児基礎能力研究会）代表　上里龍生

おとなの方へ

はじめに

円を学ぶと、図形の本質がわかります!

難関中学の受験算数に登場する図形問題はかなり複雑で、
挫折してしまう子も少なくありません。
しかし、低学年のうちから図形の美しさに導かれながら、
作図の練習を繰り返していると、図形の性質や不思議を発見し、
楽しめることでしょう。
そうしているうちに、図形の本質を見る目を養うことができます。

見える子は、ひっかけに気付く

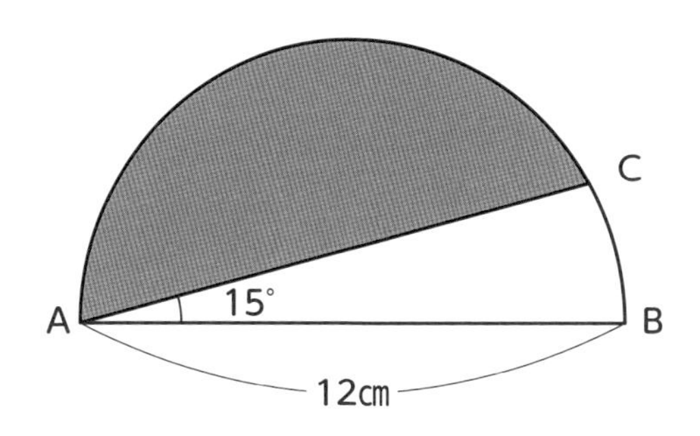

「直径12㎝の半円があります。色のついた部分の面積を求めなさい」というよくある問題で、これまたよくやってしまいがちな間違いがあります。

「半円の面積－おうぎ形ABCの面積」

これで答えを求めようとするのです。白い部分を「半径12cmの円で、中心角15°のおうぎ形」だと考えてしまう。もちろん、これは間違いです。Aは、弧BCの中心ではないからです。

普段から円を描き慣れている子は、すぐにそのことに気付きます。「じゃあ、中心はどこだろう？」と点Dがわかれば、「そうか、これは半径6cm、中心角150°のおうぎ形から、三角形ACDを引けばいいんだ！」とわかる……これが「図形センス」です。図形の本質を理解することが、その基礎となるのです。

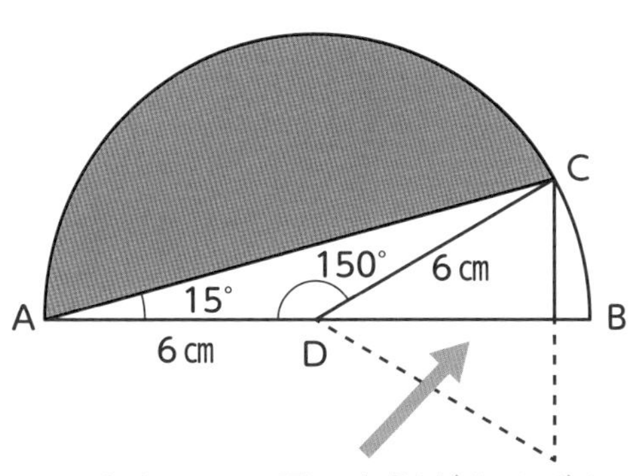

こんなところに正三角形があるぞ！
△ACDの高さも3㎝だとわかるぞ！

もくじ

▼本書は、コンパスを使って図形センスを伸ばすためのヒントを集めたものです。

▼学校でコンパスにはじめて出合うのは、小学3年生ですが、大人のサポートがあれば、小学1年生ごろから楽しめます。ぜひ、保護者のみなさまもお子様といっしょに円の世界、図形の世界を楽しんでみてください。

▼最初のページからだんだんとレベルアップしていける構成です。

▼問題プリントはエッセンシャル出版社のホームページ
https://www.essential-p.com/2021/07/21/sugoi_compass_book/
よりダウンロードして、くり返し取り組めます。

コンパス・定規の使い方の注意事項

使用する前に必ずお読みください。

▶本来の目的以外には使用しないでください。
▶振り回したり、乱暴に扱ったりしないでください。
▶口に入れたりなめたりしないでください。
▶コンパスの適切な使い方ができるまでは、
保護者の方の目が届くようにしてください。
▶小さなお子様の手の届かない場所に保管してください。

とがっているところを人にむけたり、さしたり、なげたりしないでください!

大切にしてね♪

プロローグ

円のきほん

コンパスで描くことができる「円」ってなんだろう？

○と言われることもあるけれど、

ある点からの距離が等しい「点の集合」で

できている曲線のことをいいます。

じつはこのかたちをつくるのって、むずかしい！

でも、しぜんかいやデザインのせかいはこの形であふれています。

まずはそのことを、知ってほしい！

おとなの方へ

設計図などに欠かせないのが「円」です。定点から距離が等しいということで、バランスをとっているのです。円と丸○、球体は違いがありますが、ここでは丸い形を身近に感じてもらえるように、身の回りの丸いものを集めました。

たべものの中にも○

ケーキも、ピザも、どら焼きも、丸ごと食べたい！

フルーツって、なぜ、丸いかたちばかりなんだろう？

ドーナツは
どうして丸いのか
知っている？

野菜の輪切りが、
美味しさのヒミツ!?

ダチョウの卵は、ニワトリの卵の約25倍！ ウズラの卵の、、、何倍でしょう？ 答えは、なんと、約120倍！

たてものの中にも○

円形といえば、イタリアのコロッセオ！

トンネルの先には、
なにがある？

インターチェンジで
方向転換！

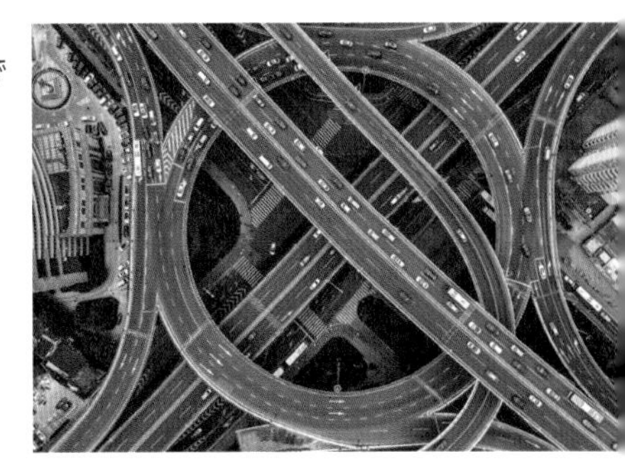

回るからこそ、観覧車！

ドームや体育館の、屋根が丸いのは？
屋根が丸いと、雨や雪が落ちやすいし、
卵と同じで丸い形のほうが頑丈だよ！

ジェットコースターの回転、最高！

しぜんの中にも○

ミステリーサークル発見！

地球は丸い。

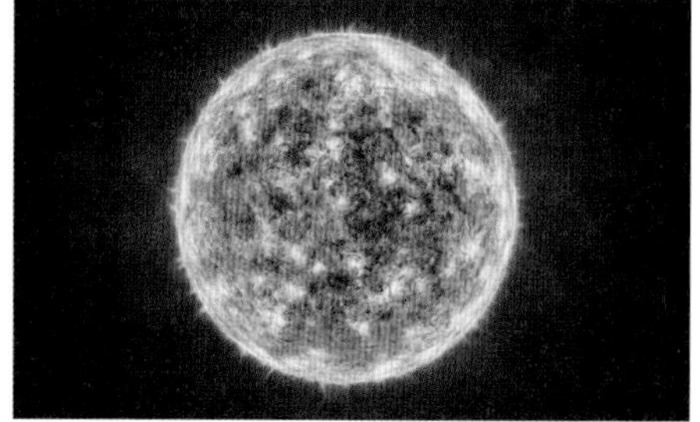

太陽も丸い。

月も丸い。

実は、虹も、
台風も丸かった！

星は、なぜ、丸いのだろう？

▶こたえは、74ページだよ！

雨の日には、
丸い水滴を探してみよう！

くらしの中にも○

回る。回る。
○は、グルグル、グルグル、回転するね。

ボールも回る。
スポーツは、やっぱりコロコロ転がるから、
面白いよね。

車輪も。タイヤも。
乗り物は回る、回る。

扇風機も回る。洗濯機も回る。人は、回転すると目が回る？

ハムスターもカラカラ回る、回る。

時計はチクタク回る。
時間も丸いのかな？

硬貨って、丸いよね。日本のお金って、
なぜ、「円」というのかな？
▶こたえは、72ページだよ！

どっちを使う?

「円」と「丸」

マンホールのふた ➡ 円い

お月さま ➡ 丸い

道路標識 ➡ 円い

お花 ➡ 丸い

「丸い」は、球などの立体や奥行きのあるものに使われます

……「丸いボール」「スイカは丸い」など

「円い」は、平面で奥行きのないものによく使われます

……「円いおぼん」「円いテーブル」など

では、みんなの好きなテストの○は？……平面だけど丸だね。丸のほうが広く使われ、円は限定的に使われるんだ。

「円い」の代わりに「丸い」を使っても、間違いではないよ。

PART 1

コンパスと定規をを使ってみよう！

おとなの方へ　長さの測り方、コンパスの針が×の真ん中にピッタリ合うようにサポートをお願いします。
身の回りのモノの長さを測ってみるのもいいですね。

マークのあるページの問題プリントはエッセンシャル出版社の
ホームページからダウンロードしてくり返し取り組むことができます。
https://www.essential-p.com/2021/07/21/sugoi_compass_book/

コンパスパイダーくんとストレートじょうぎさんの紹介

クモの巣のような図形を描くことができるよ！

コンパスパイダーくん

得意なこと

- 華麗な回転
- 円を描くこと
- 同じ長さを測ること

嫌いなこと

- トゲトゲしたもの
- カクカクしたもの
- トンガリ

ストレートじょうぎさん

得意なこと

- まっすぐを見つけること
- まっすぐな線の長さを測ること

嫌いなこと

- 曲がったこと
- ゆがんだ線

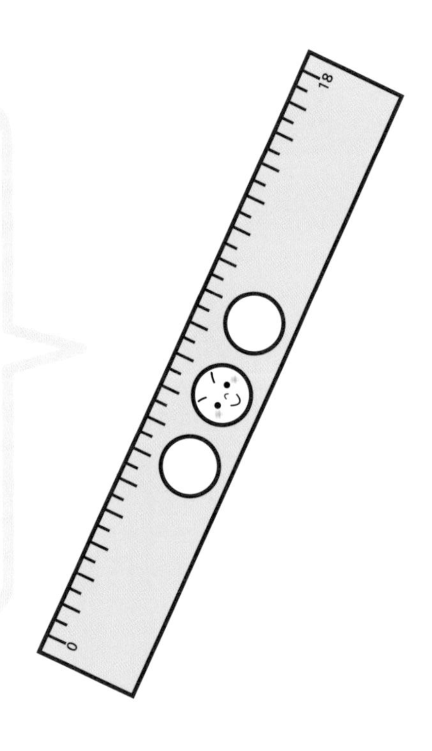

クモの巣の不思議

おしりから糸を出し、風に乗せて飛ばす。木などにくっついたら、その上を往復して糸を強くする。糸の真ん中にぶら下がって、Y字型に糸をたらす。これをくり返して枠を作る。最後にらせん状に糸を張ったら完成！

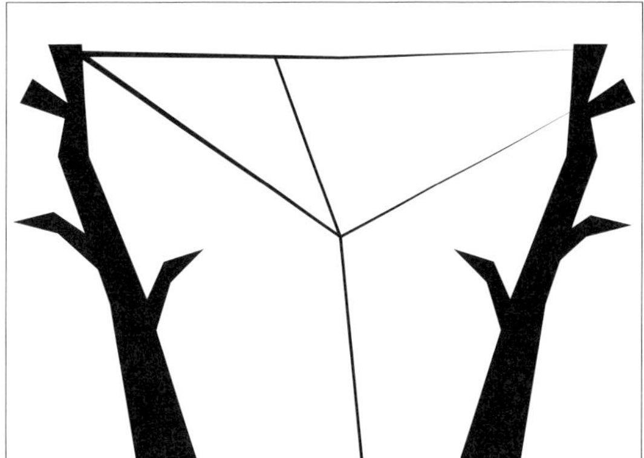

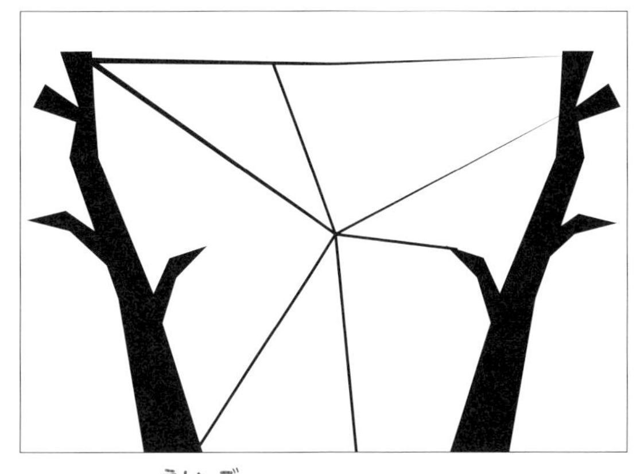

クモは英語でスパイダーっていうよ！

まずは、円の紹介！

円の特徴

1つの点から同じ長さになるように描いたまるい形を、円といいます。
その真ん中の点を円の中心、
中心から円の周りまでひいた直線を半径といいます。
一つの円は、半径はみんな同じ長さです。
中心を通り、円の周りから周りまで引いた直線を直径といいます。
直径の長さは、半径の2倍です。どこに直径を引いても直径どうし、
中心で交わります。

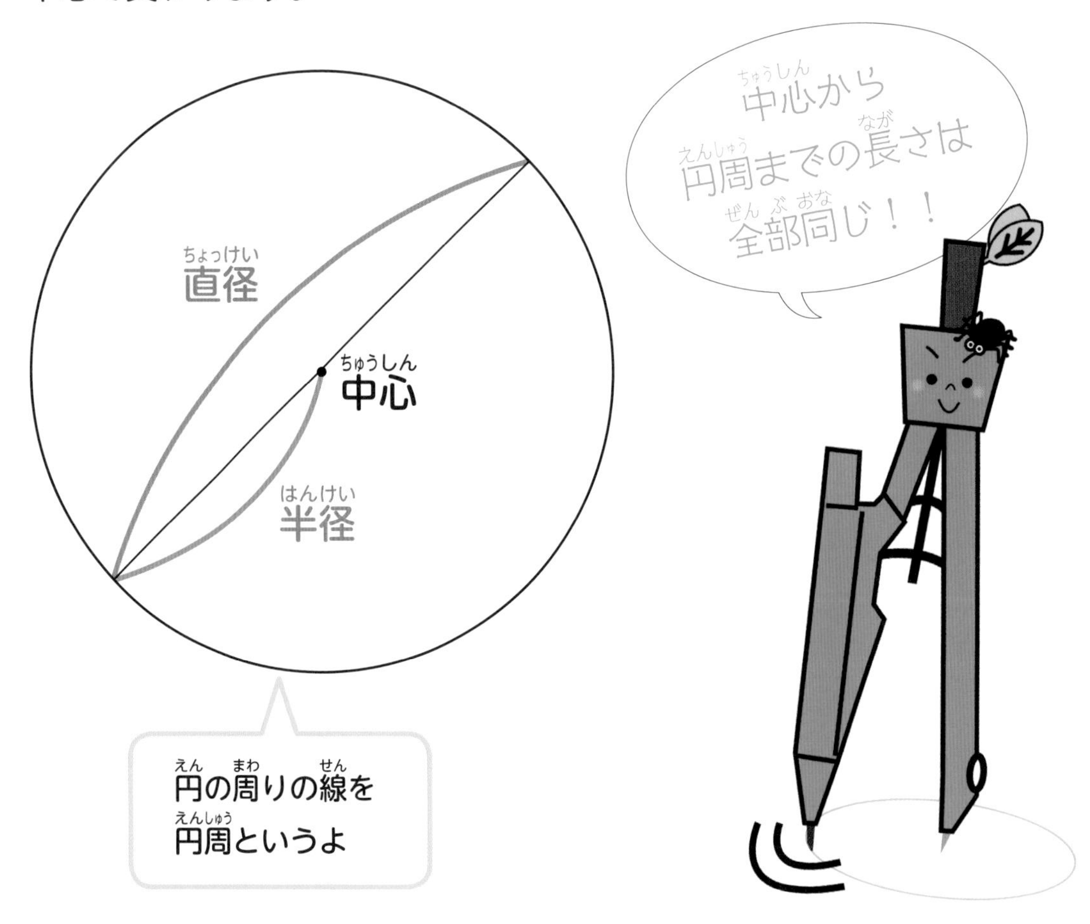

線の長さを測ってみよう！

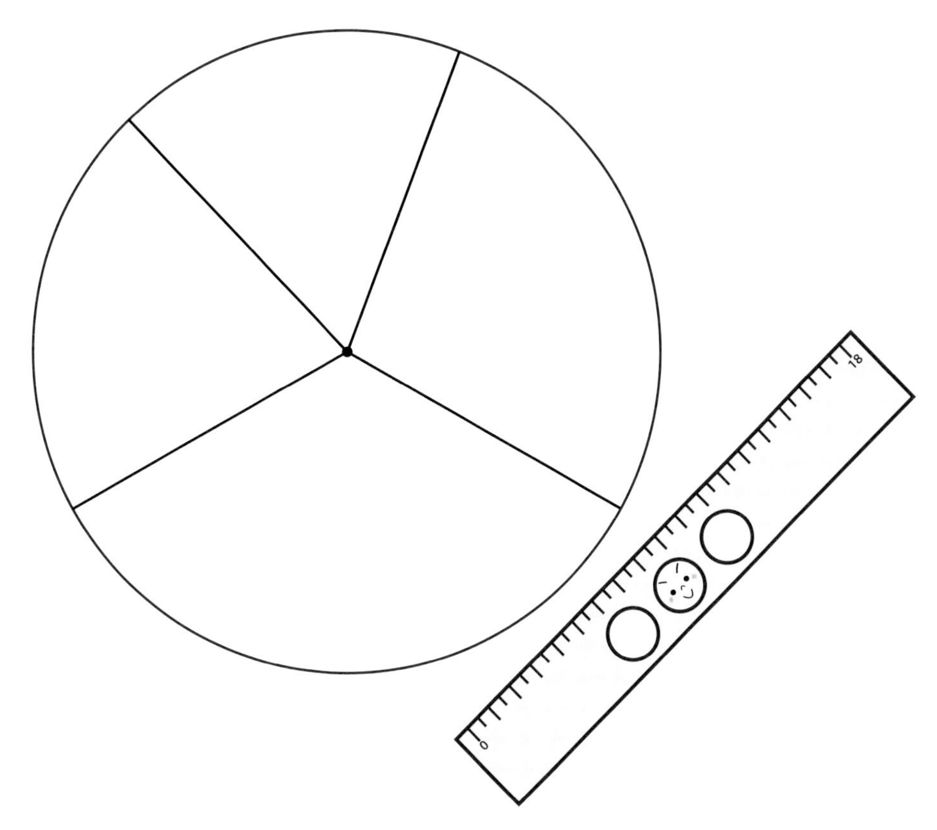

半径を3つ描いてその長さを測ってみよう！

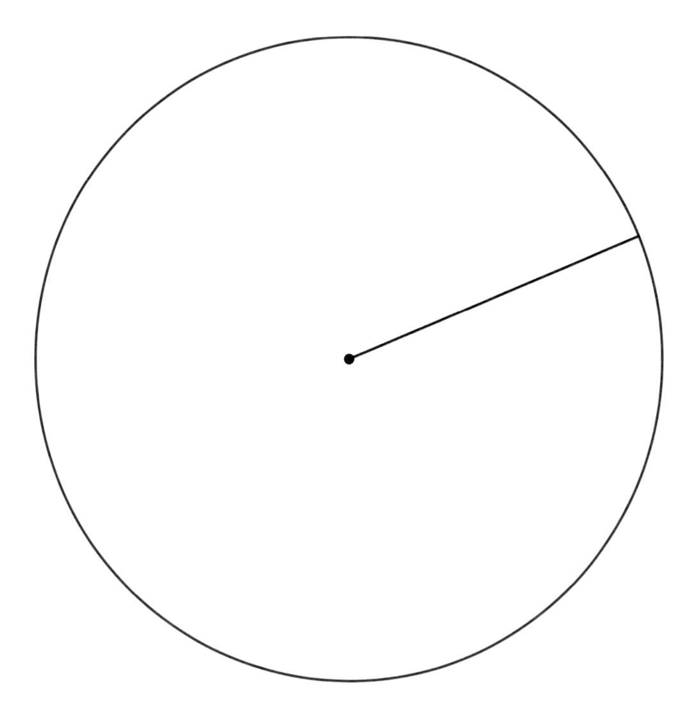

さあ、コンパスを使ってみよう！

コンパスの使い方!

コンパスを正しく持って円を描きます。
コンパスの針は紙に強く押し付けてはいけません。
針は紙の上にそっと乗せて、コマを回すようにくるりと１回転させます。
何度も同じ所をこするように描いてはいけません。
直線と同じように細い線で円を描けるように練習しましょう。

①コンパスの頭の部分を親指、人差し指、中指の3本で上から
　つまむように持ちます。このとき、コンパスの真上に手があって、
　指は下を向いています。
②円の中心になる所に針を置きます。このときに紙に
　穴が開くほど強く押し付けてはいけません。
③コンパスを持っている3本の指で針を中心に、
　コマを回すように回します。
　ゆっくり、途中で止まらないようにスーッと回して円を描きます。

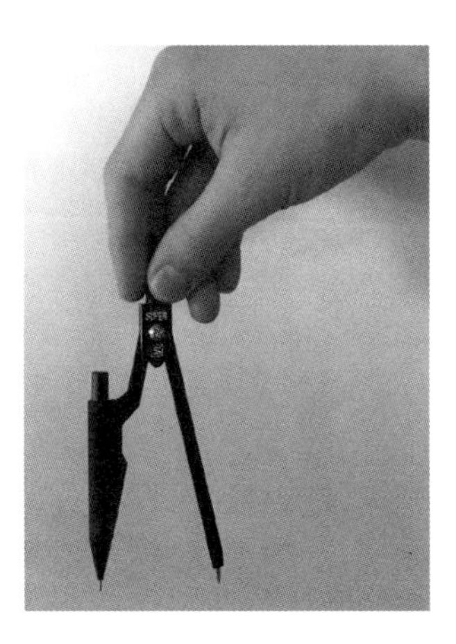

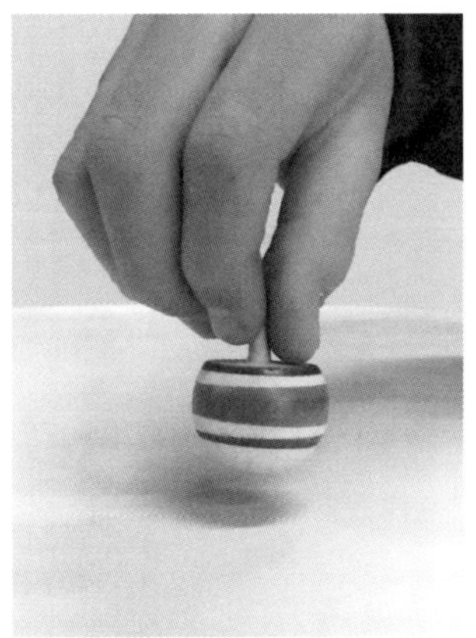

コンパスで◯をきれいに描いてね！まずは、チャレンジしてみよう！

◯を描く練習

×にコンパスの針を置いて円周上にシャープペンシルを合わせて円を描こう

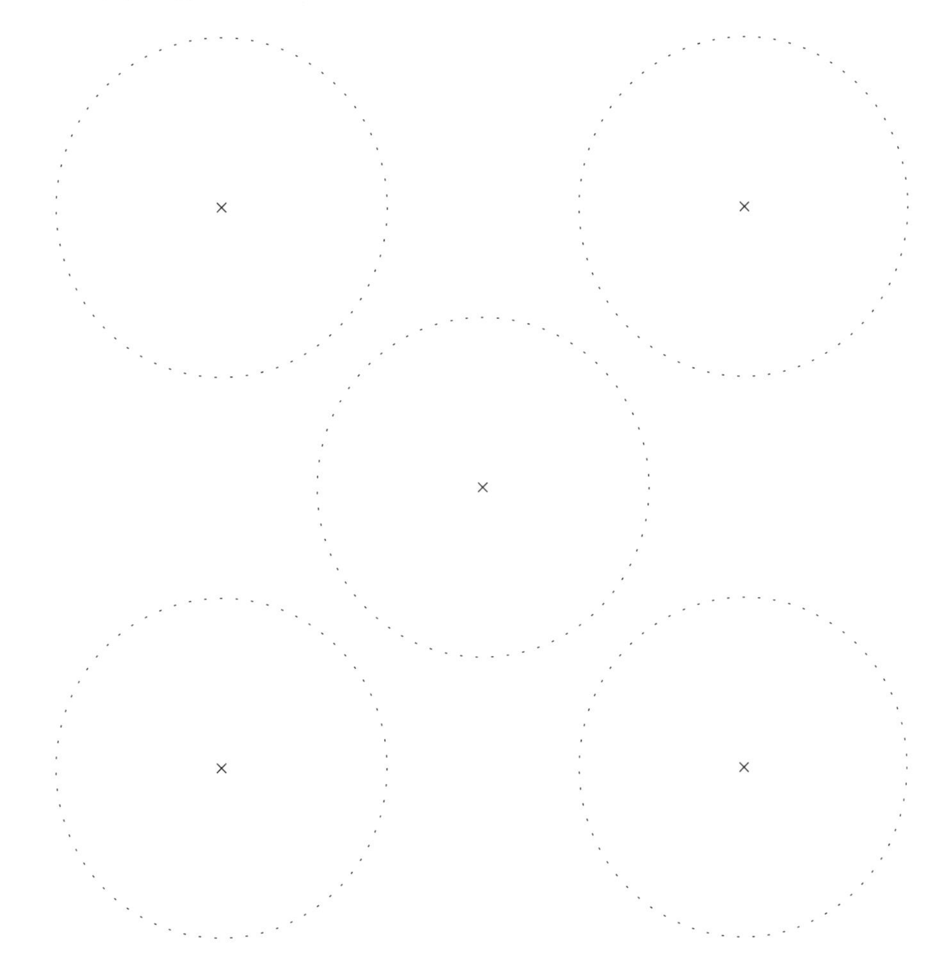

コンパスが上手く回せない原因

①コンパスの頭の部分以外の所に指がかかっている。

②コンパスの針を紙に押し付けている。
　コンパスの針は紙に突き刺すものではありません。

③コンパスが真っ直ぐに立っていない。

④手首を使って回そうとしている。

○を描く練習

コンパスを使って下の図形を描きましょう。

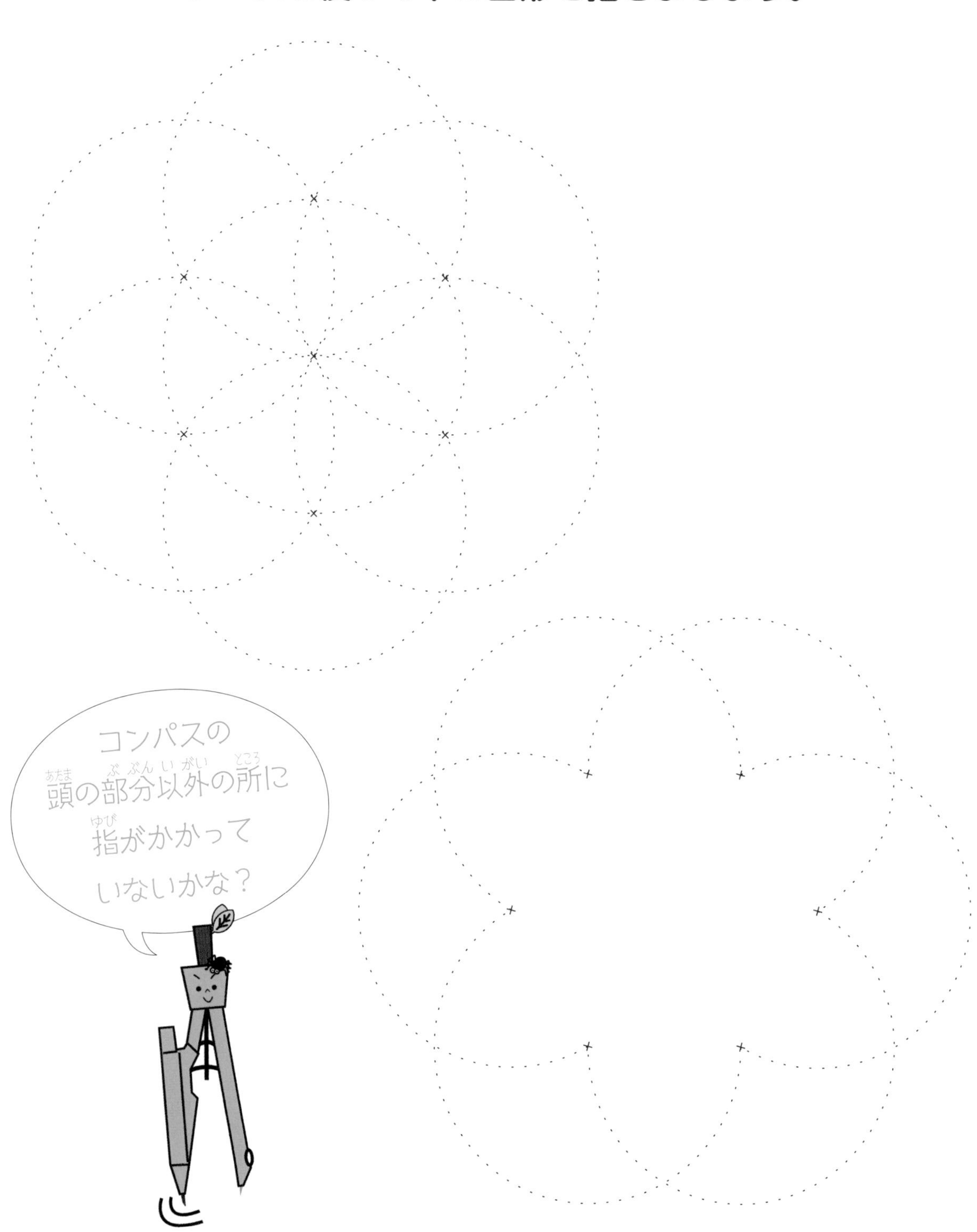

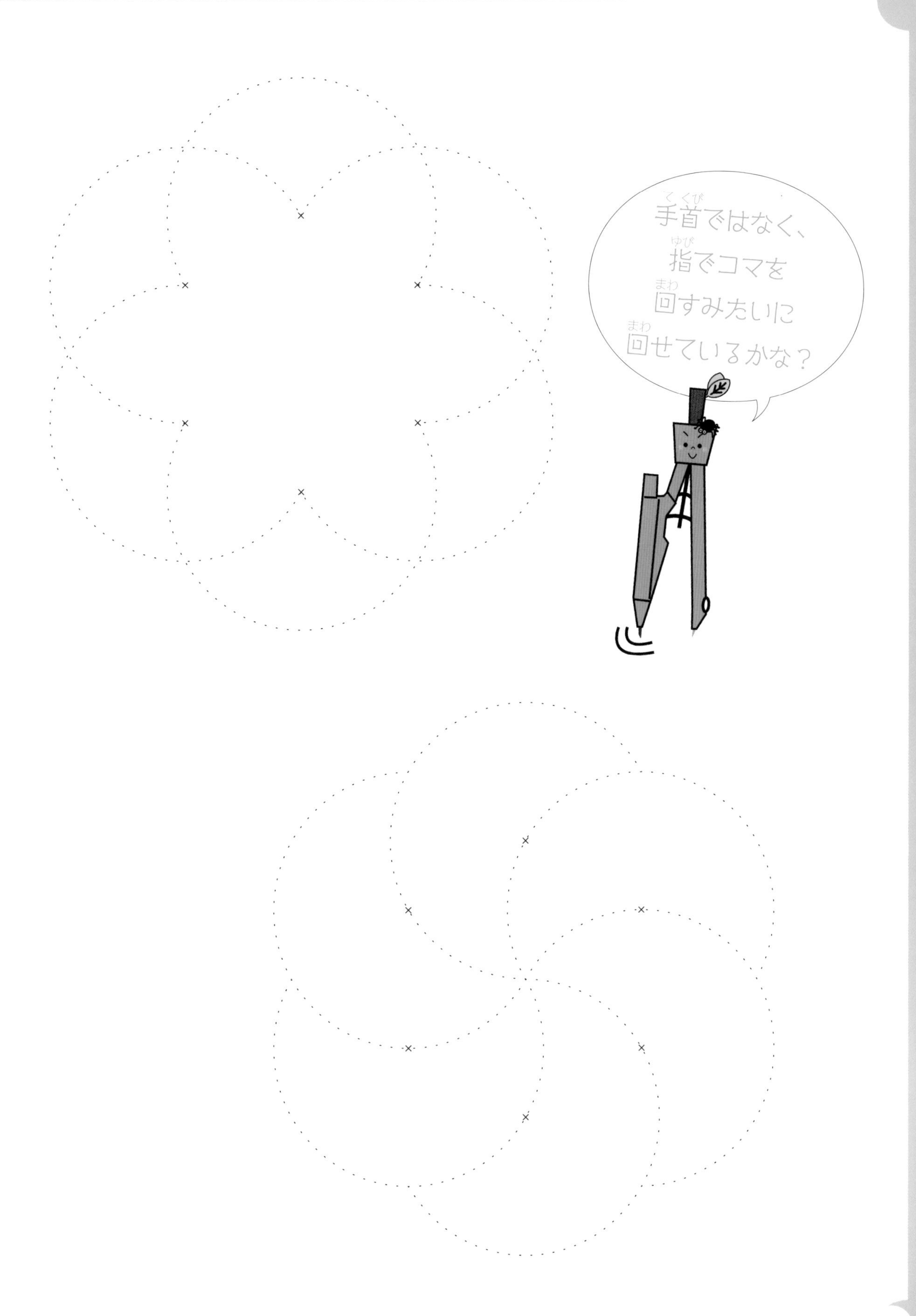
手首ではなく、
指でコマを
回すみたいに
回せているかな？

円(えん)でこんな絵(え)もできる！

コンパスを使(つか)って下(した)の図形(ずけい)を描(か)きましょう。

ずれないで描(か)けるかな?

コンパスを使(つか)って下(した)の図形(ずけい)を描(か)きましょう。

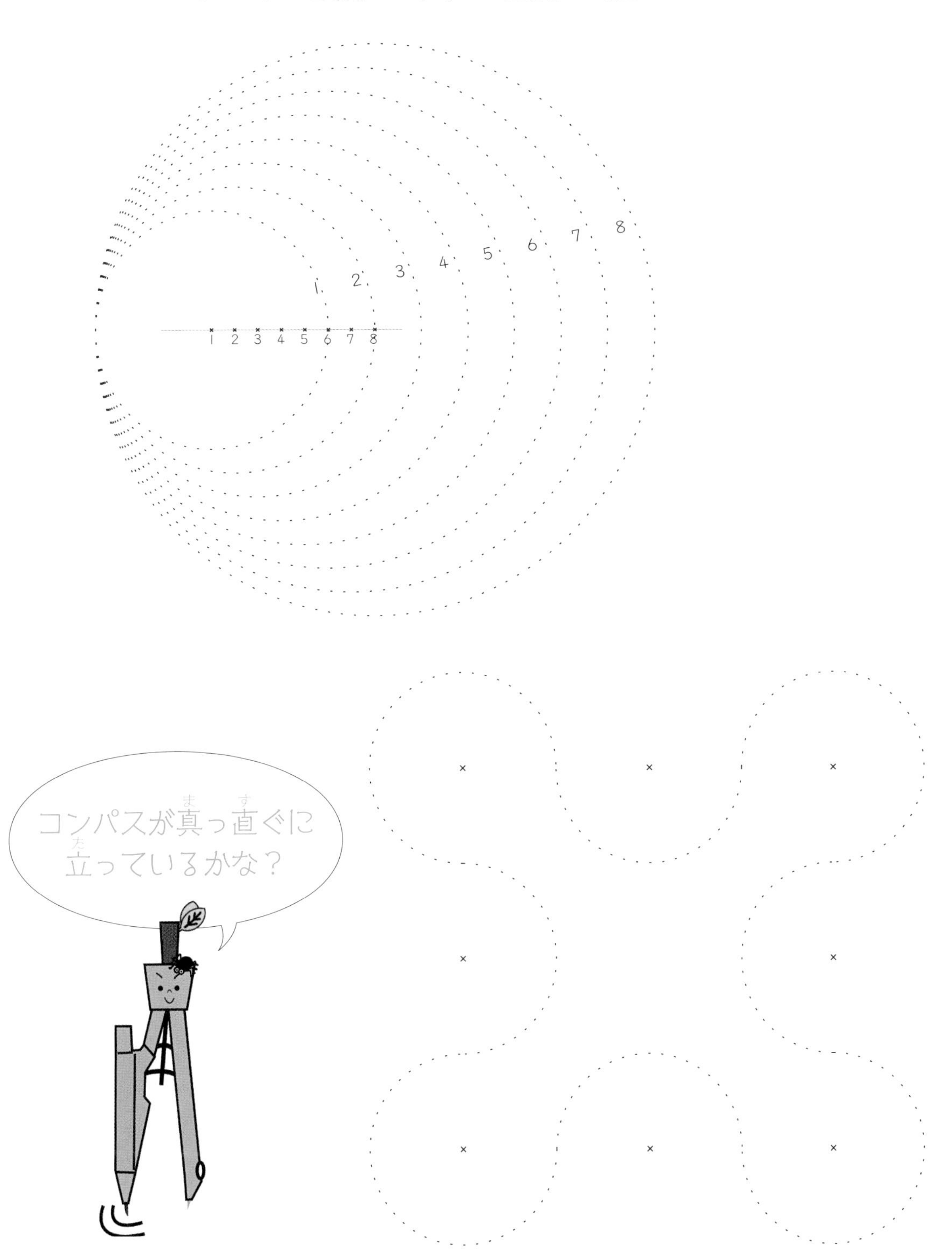

定規の使い方

・から・まで、定規を使って丁寧に線を引きましょう。

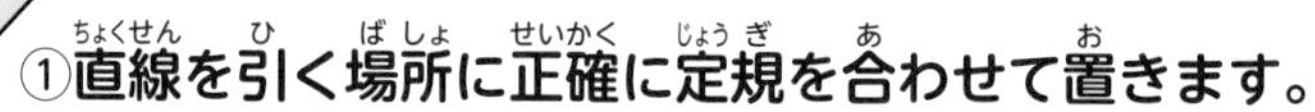

①直線を引く場所に正確に定規を合わせて置きます。
②定規が動かないように鉛筆を持っていない方の手の指でしっかり押さえます。
③鉛筆の芯が定規に触れながら滑るように一度だけスーッと鉛筆を滑らせます。
注意：一度引いた線の上を何度も鉛筆でこすって書いてはいけません。

定規で線を引く練習

・から・まで、定規を使って丁寧に線を引きましょう。
（ノートを横にして書いてはいけません。）

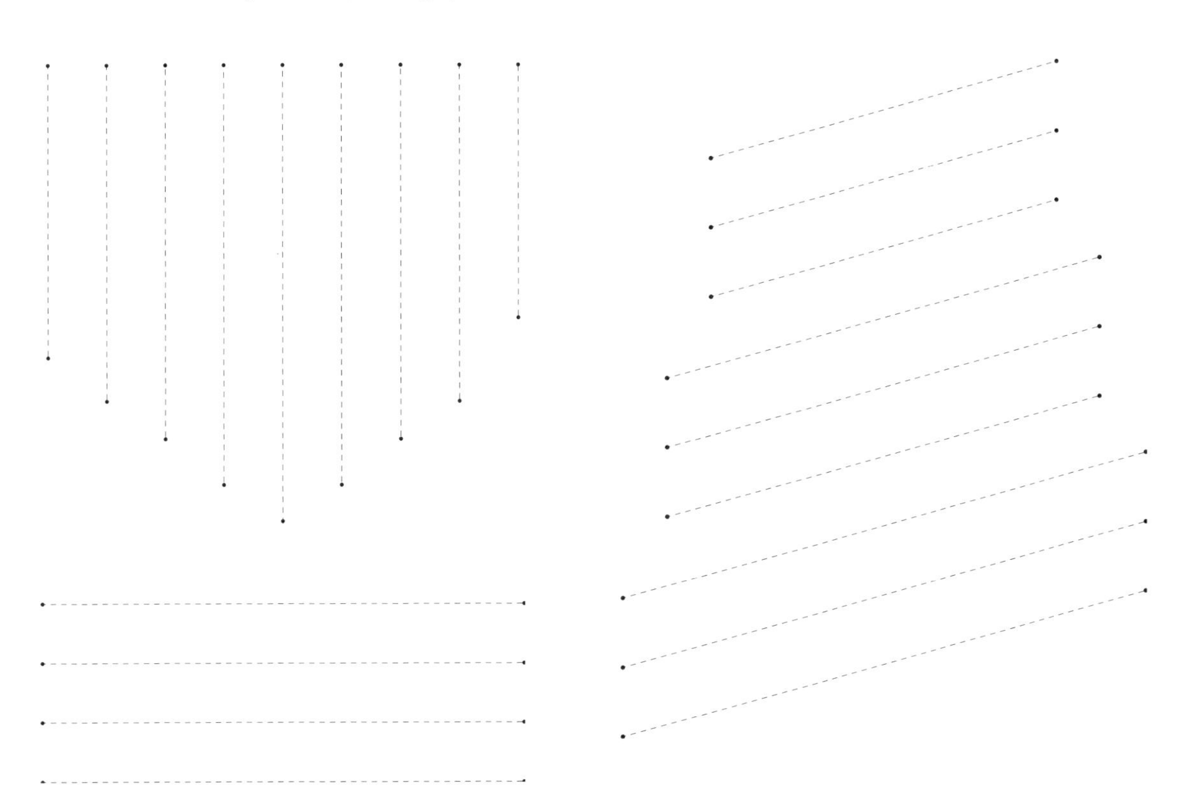

・から・を結んで、四角形を描きましょう。

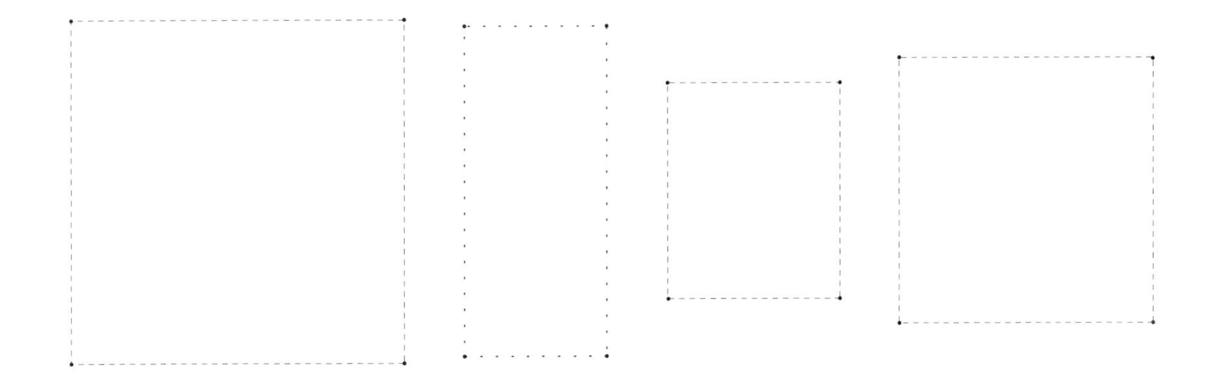

定規で測る

直線と線分

真っ直ぐな線を直線といいますが、正しくは両端の無い、
どこまでもどこまでも真っ直ぐ伸びている線を直線といいます。
ですからノートの上に直線を引くことはできませんが、
短い線でも両端が決まっていない場合は直線と呼んでいます。
作図では両端の決まった真っ直ぐな線を使います。
このような線を「線分」といいます。
また、1つの端だけ決まっている直線を「半直線」といいます。
「直線」、「線分」、「半直線」を使い分けることは作図では
大変重要ですから覚えておきましょう。

線分の長さを定規で測りましょう。

① ———————　（　　cm）

② ——————————　（　　cm）

③ —————　（　　cm）

④ ———　（　　cm）

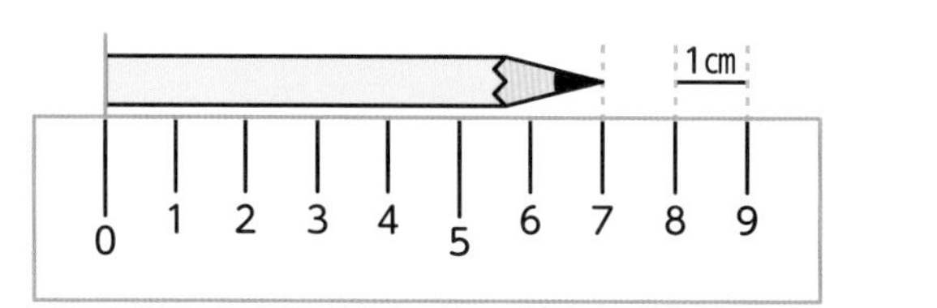

定規で線を測る／引く

2つの点の距離を定規で測りましょう。

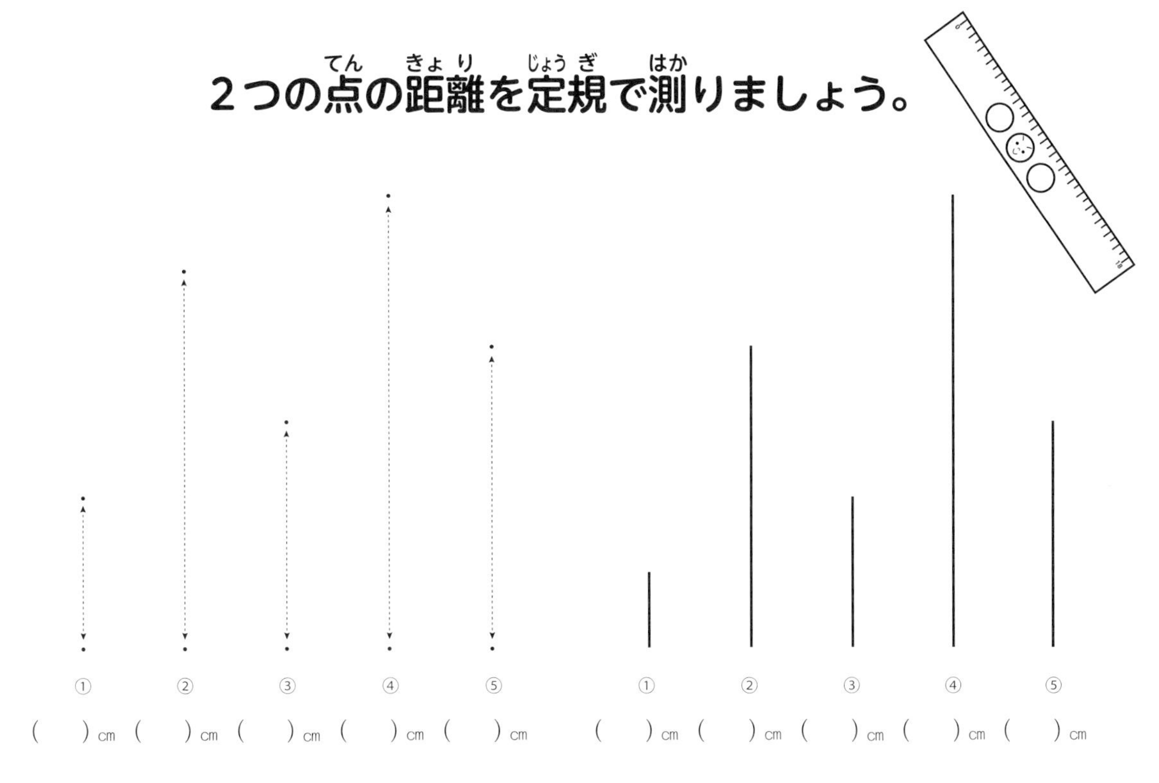

次の長さの線分を定規で引きましょう。

① 5 cm

② 3 cm

③ 1 cm

④ 4 cm

⑤ 2 cm

① 5 cm

② 3 cm

③ 1 cm

④ 4 cm

⑤ 2 cm

どんな図が出てくるのかな？

同じ数字を線で結びましょう。

1 2 3 4 5 6 7 8 9 10

10 9 8 7 6 5 4 3 2 1

1 2 3 4 5 6 7 8 9 10

PART 2

コンパスと定規でなぞってみよう！

おとなの方へ

コンパスの針が×の真ん中にピッタリ合うようにサポートをお願いします。
定規もズレないように線を引くことがポイントです。
真っ直ぐな線が引けるようになると、いろいろな図が描けて楽しいですよ。

チャレンジ

コンパスを使って下の図形を描きましょう。

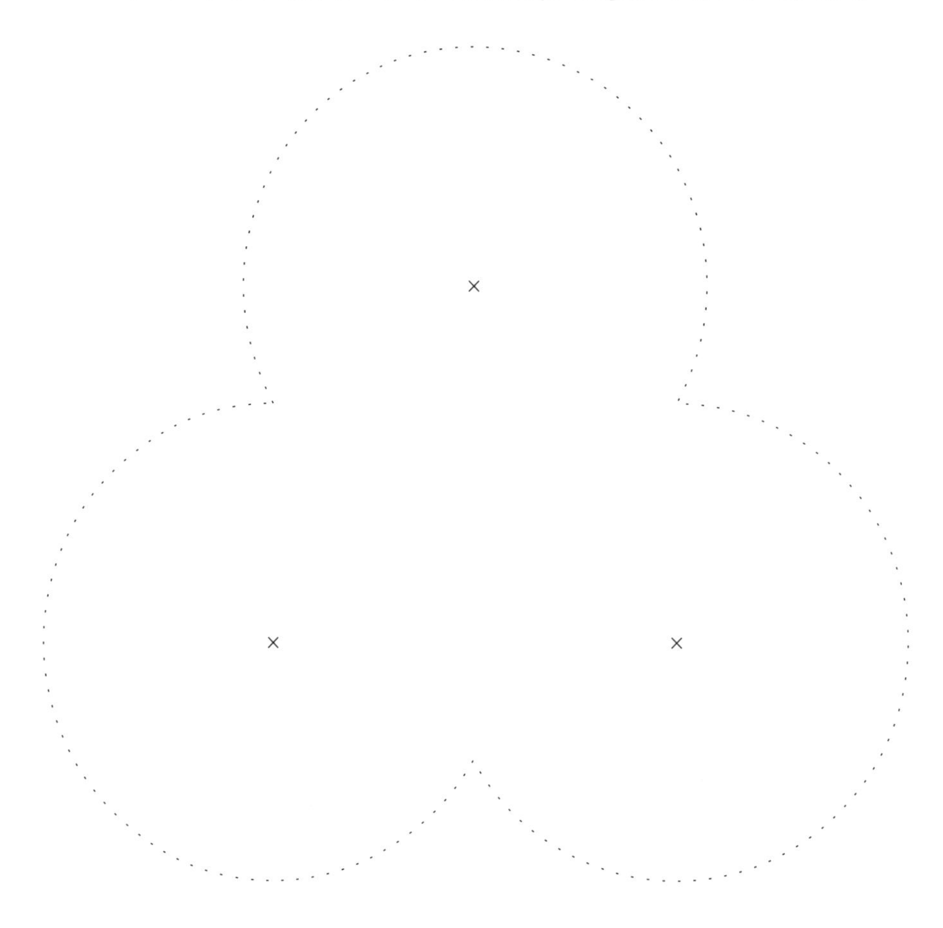

・と・を丁寧につないで描きましょう。

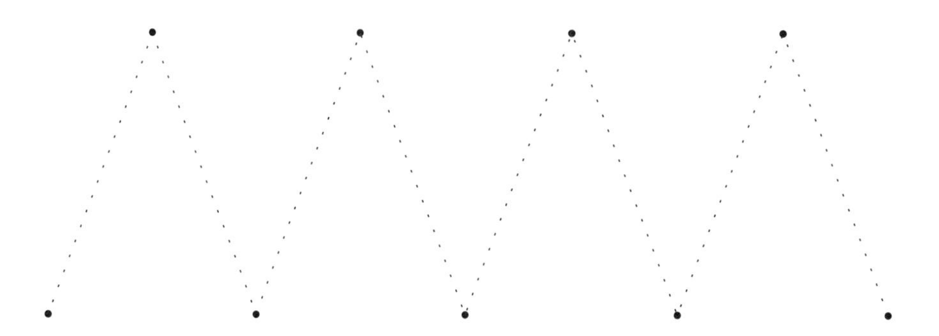

・と・を丁寧(ていねい)につないで描(か)きましょう。

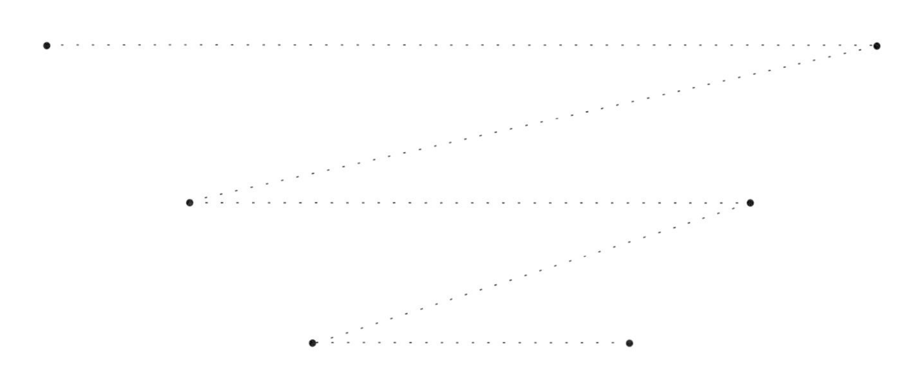

コンパスを使(つか)って下(した)の図形(ずけい)を描(か)きましょう。

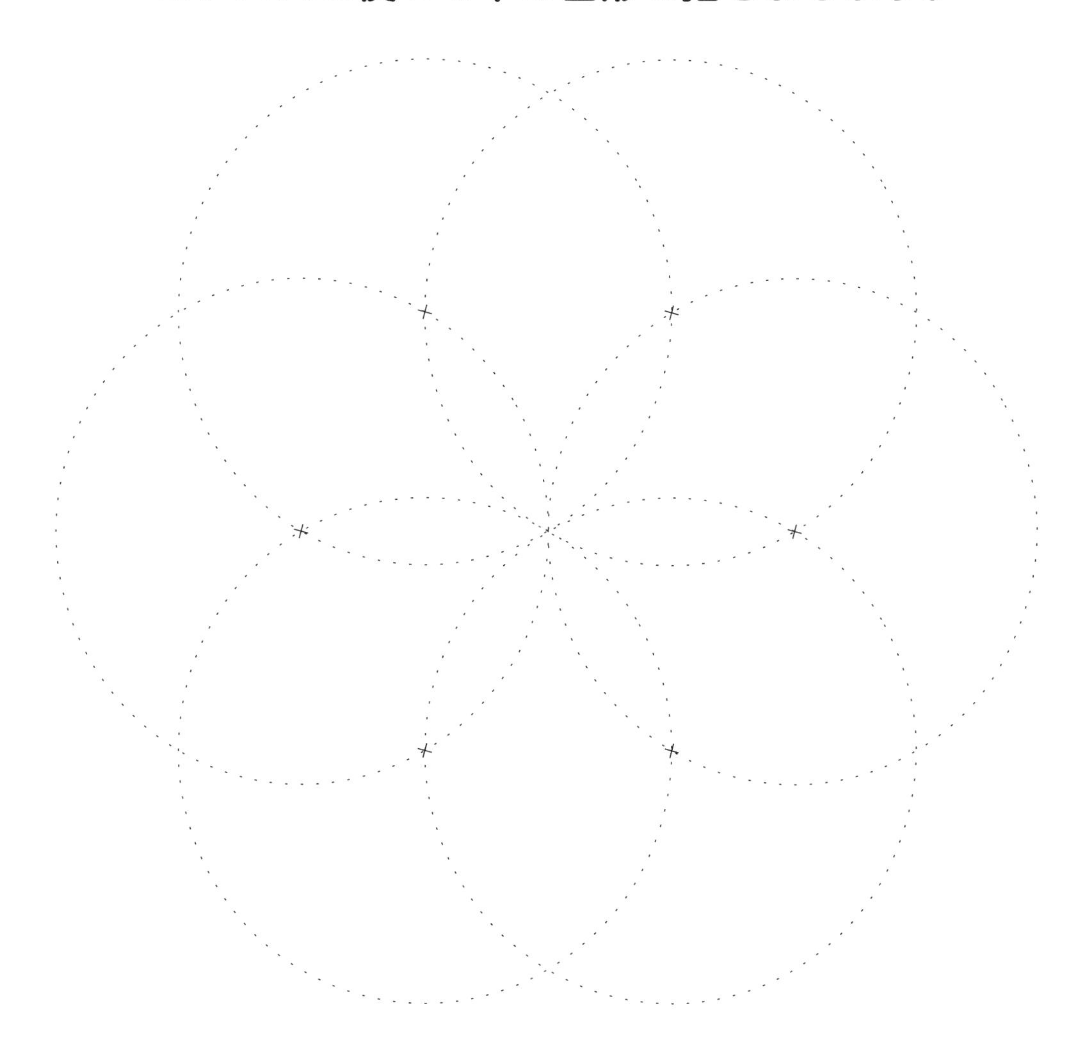

・と・を丁寧(ていねい)につないで描(か)きましょう。

コンパスを使(つか)って下(した)の図形(ずけい)を描(か)きましょう。

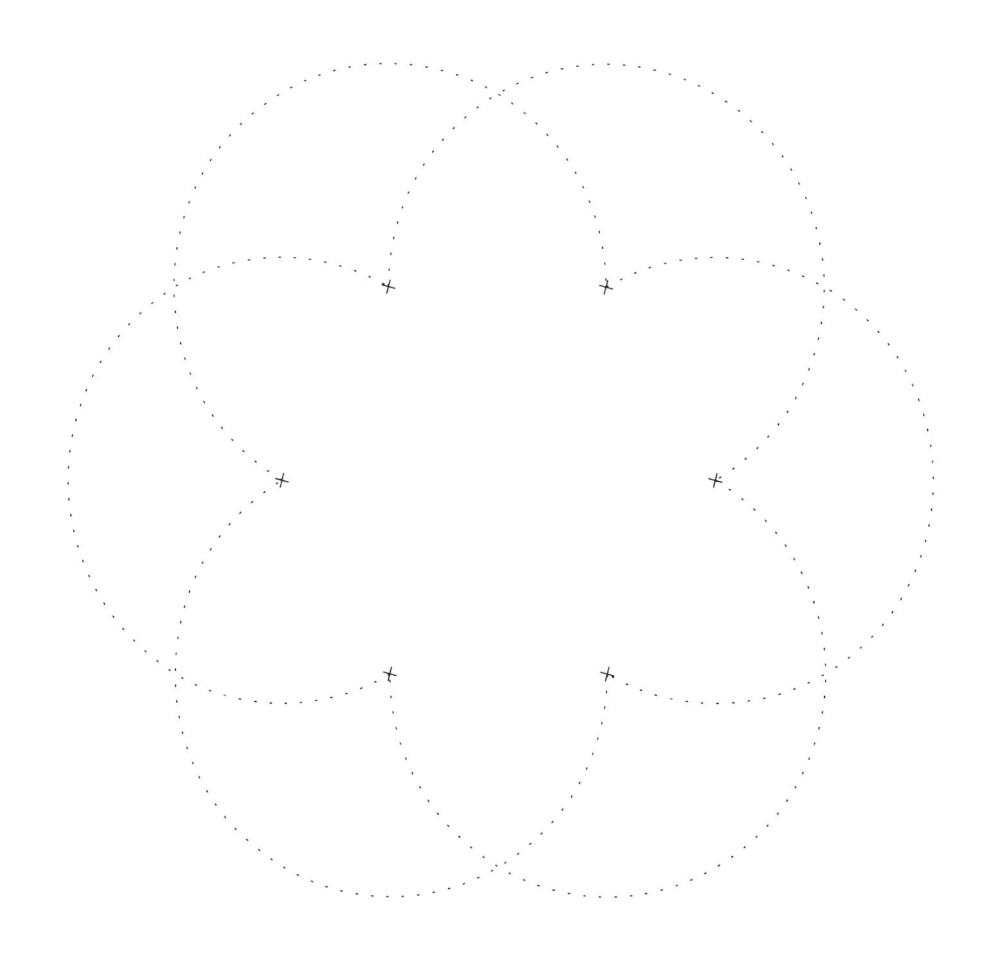

コンパスを使って下の図形を描きましょう。

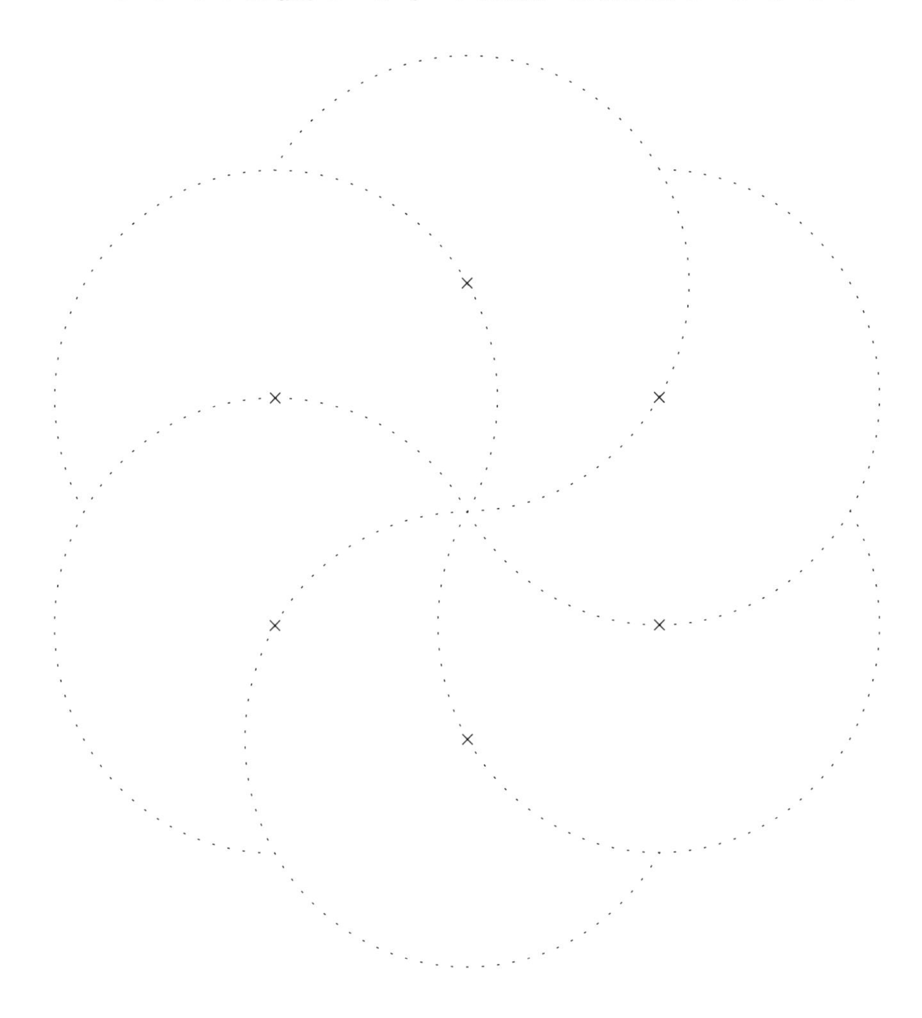

定規を使って丁寧に線を引きましょう。

チャレンジ

定規(じょうぎ)を使(つか)って丁寧(ていねい)に線(せん)を引(ひ)きましょう。

コンパスを使(つか)って下(した)の図形(ずけい)を描(か)きましょう。

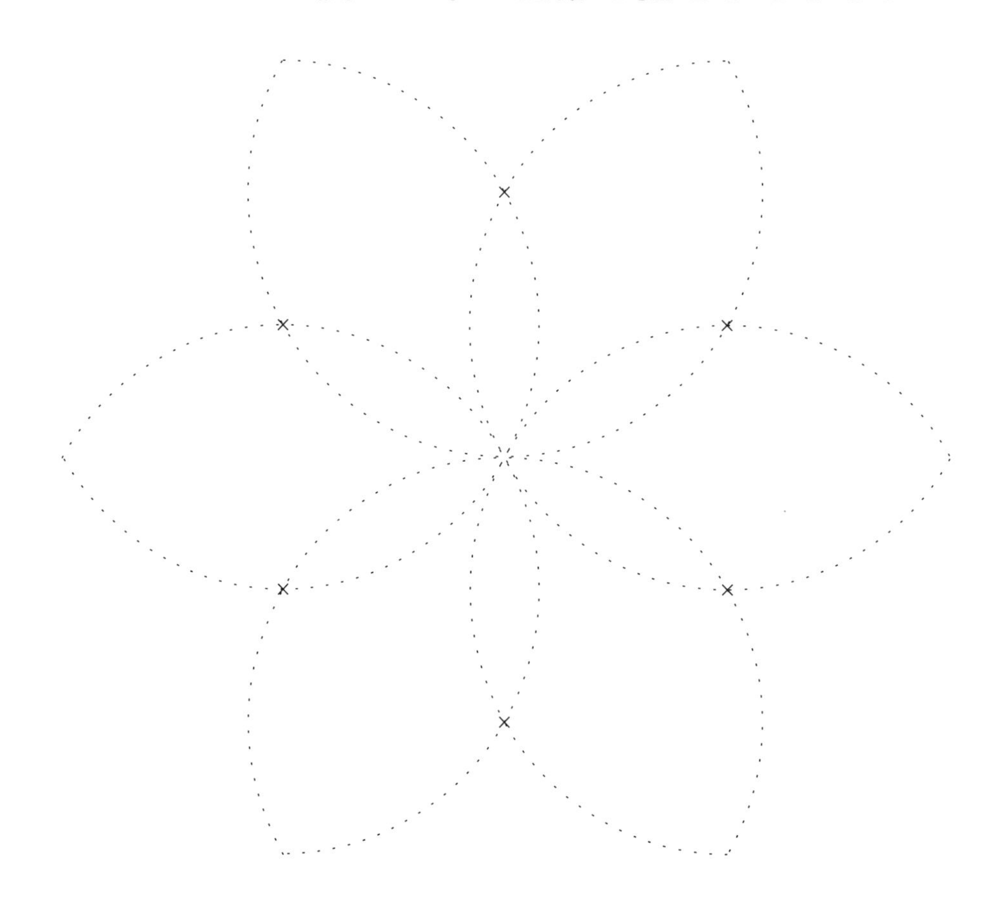

定規を使って丁寧に線を引きましょう。

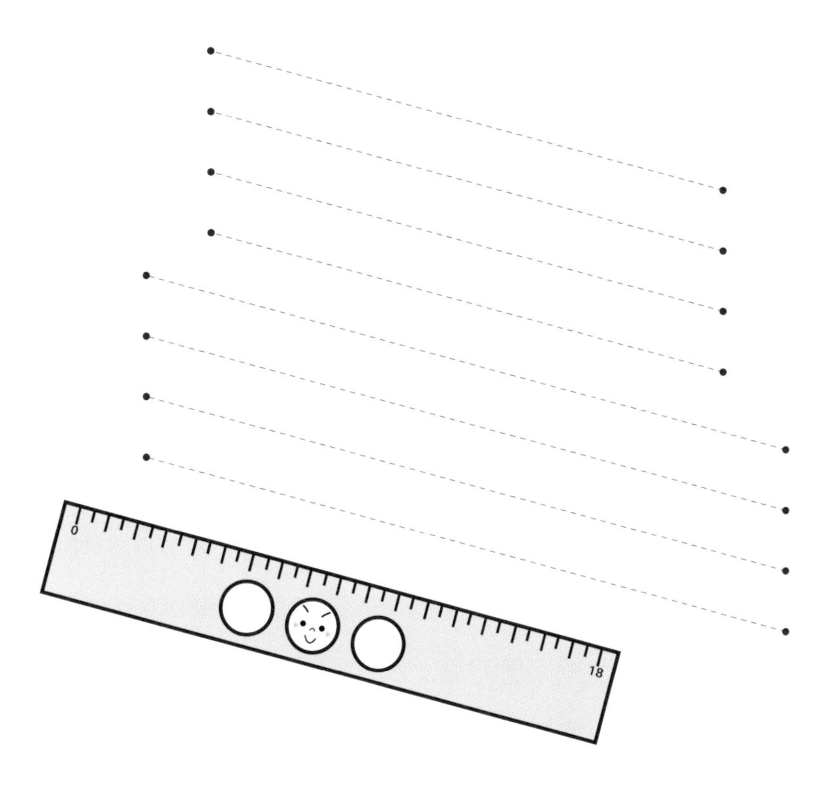

コンパスを使って下の図形を描きましょう。

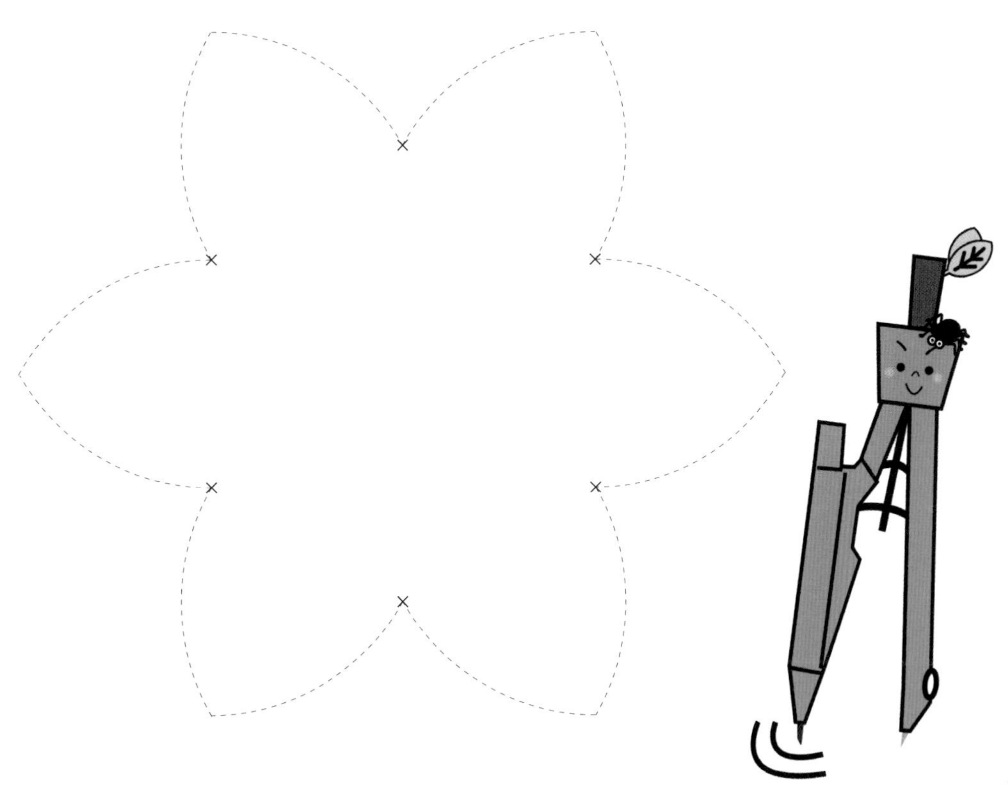

チャレンジ

半径の決まった円を描きましょう。

半径3cmの円を描きましょう。

3cm

半径2cmの円を描きましょう！

半径5cmの円を描きましょう！

半径7cmの円を描きましょう！

半径4cmの円を
描きましょう！

チャレンジ

一辺が3cm、7cm、11cm、15cmの正三角形(せいさんかくけい)を描(か)いてみましょう！

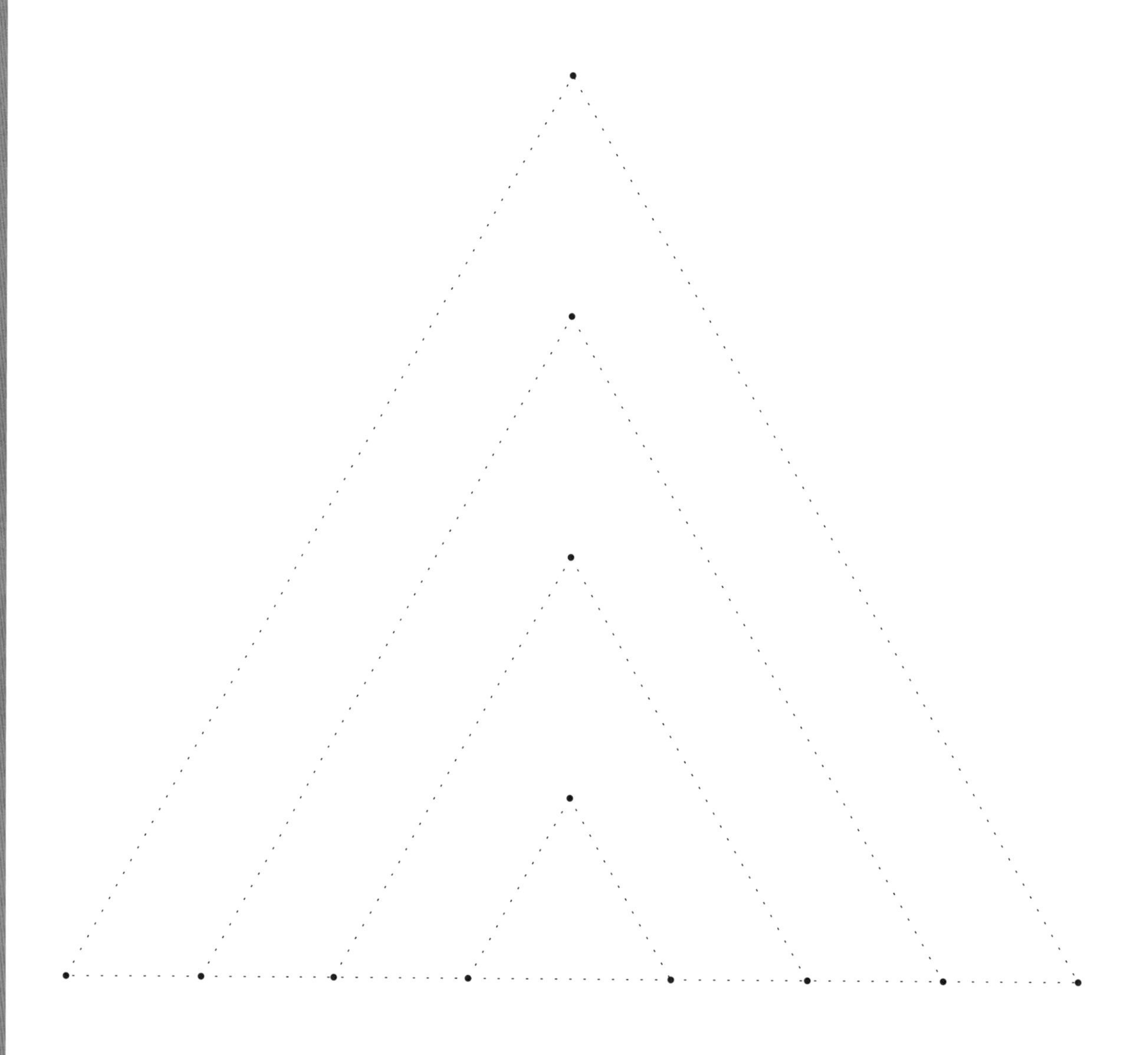

一辺が4cmの正六角形を描いてみましょう

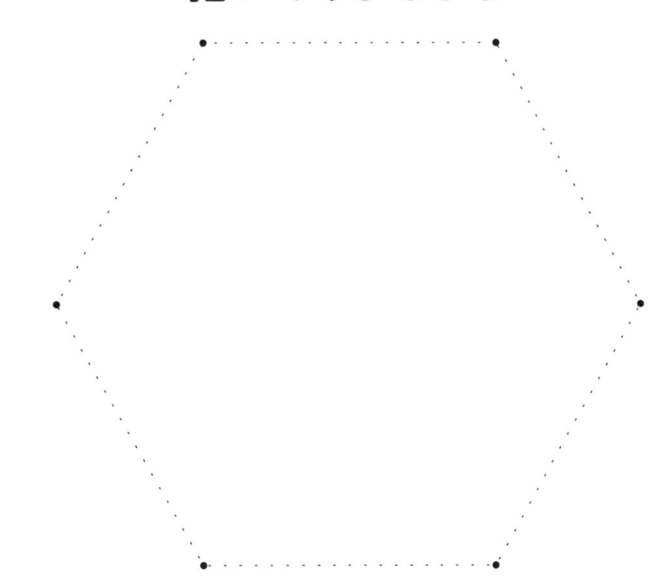

一辺が3cmの正方形を描いてみましょう

一辺が3cmの正十二角形を描いてみましょう

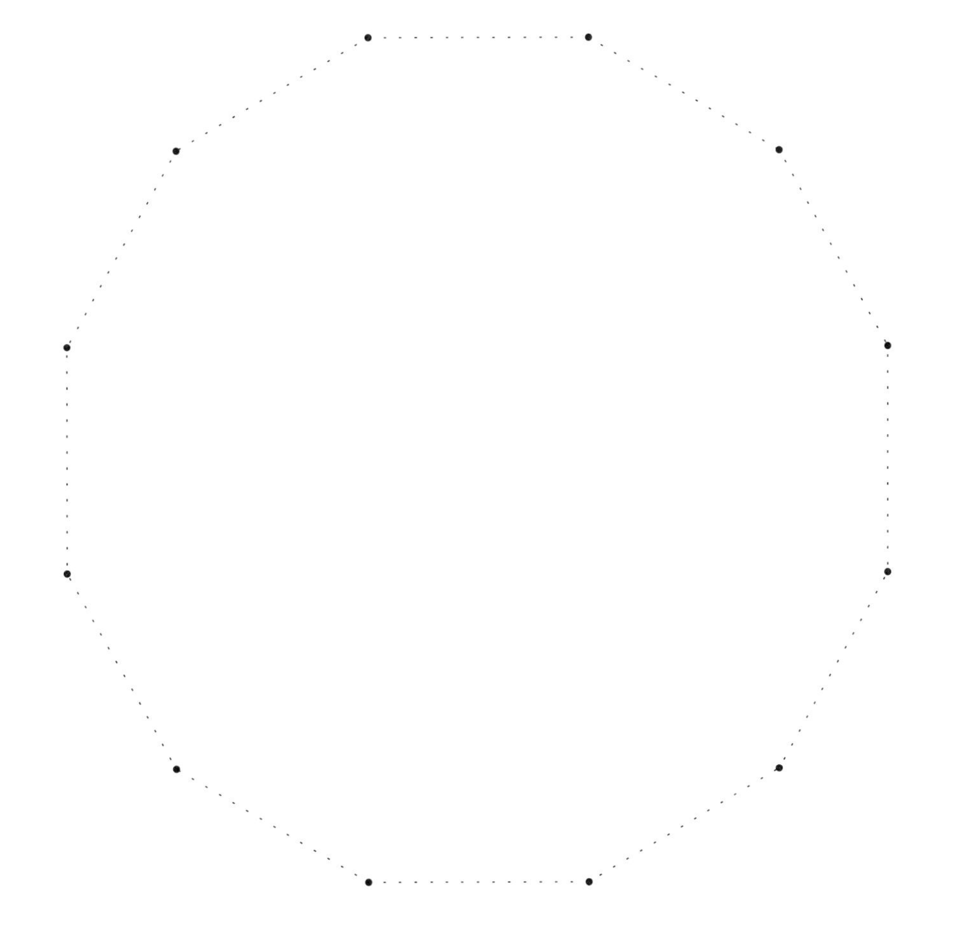

図形の真ん中を見つけよう！

真ん中を見つけたら外側にピッタリの円を描いてみましょう。

反対の頂点を結ぶ。
交わるところが
真ん中。

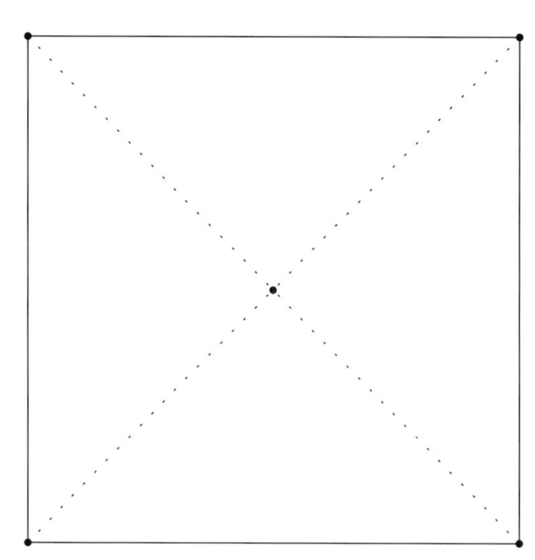

ここに芯を合わせると
ピッタリの円が描けるよ！

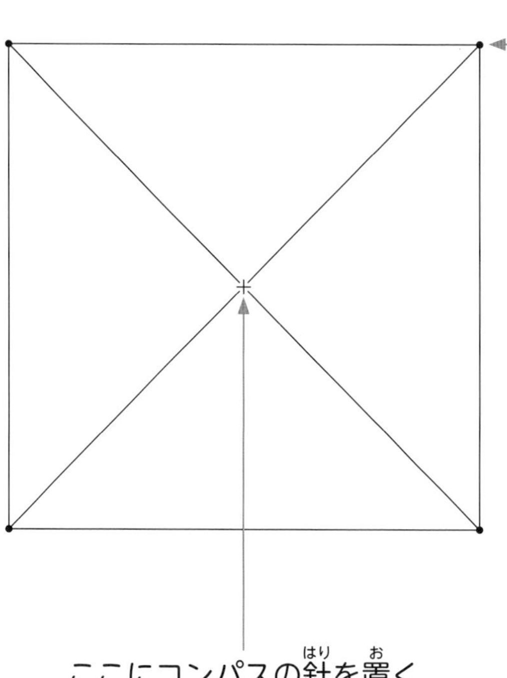

ここにコンパスの針を置く

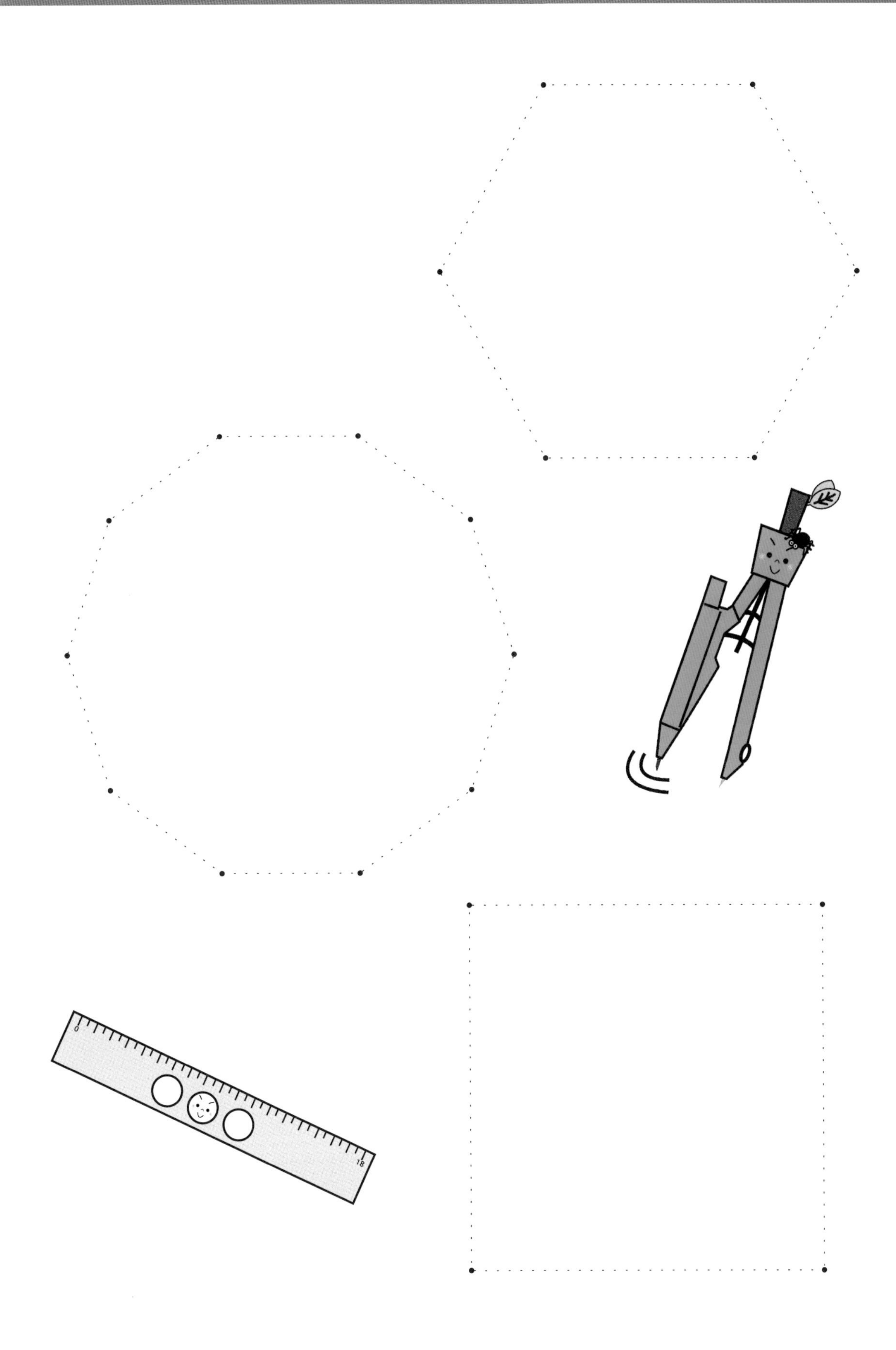

正多角形いろいろ

英語で「○ゴン」は、「○角形」という意味です。アメリカ国防総省のことを「ペンタゴン」と呼ぶのは、建物が五角形だから。それにしても、十角形の「デカゴン」や十二角形の「ドデカゴン」は、なんだか怪獣の名前みたいだね！

百角形（ヘクトゴン）、千角形（チリアゴン）、一万角形（ミリアゴン）、百万角形（メガゴン）、無限角形（アペイロゴン）と、○角形はどこまでも続くんだ。不思議なのは、一角形（モノゴン）、二角形（ディゴン）というのもあること。学問の数学の世界の話だけど、想像できるかな？

○角形は、定規とコンパスで描けるものがたくさんあるよ！

PART 3

コンパスと定規で描いてみよう！

おとなの方へ　P61の穴埋めは、P60を見ながらサポートをお願いします。

三角形とは?

下の図のような形を三角形といいます。
三角形を作っている３つの角のことを「頂点」、
３つの線分を「辺」といいます。
三角形は３つの頂点と、３つの辺でできている形です。

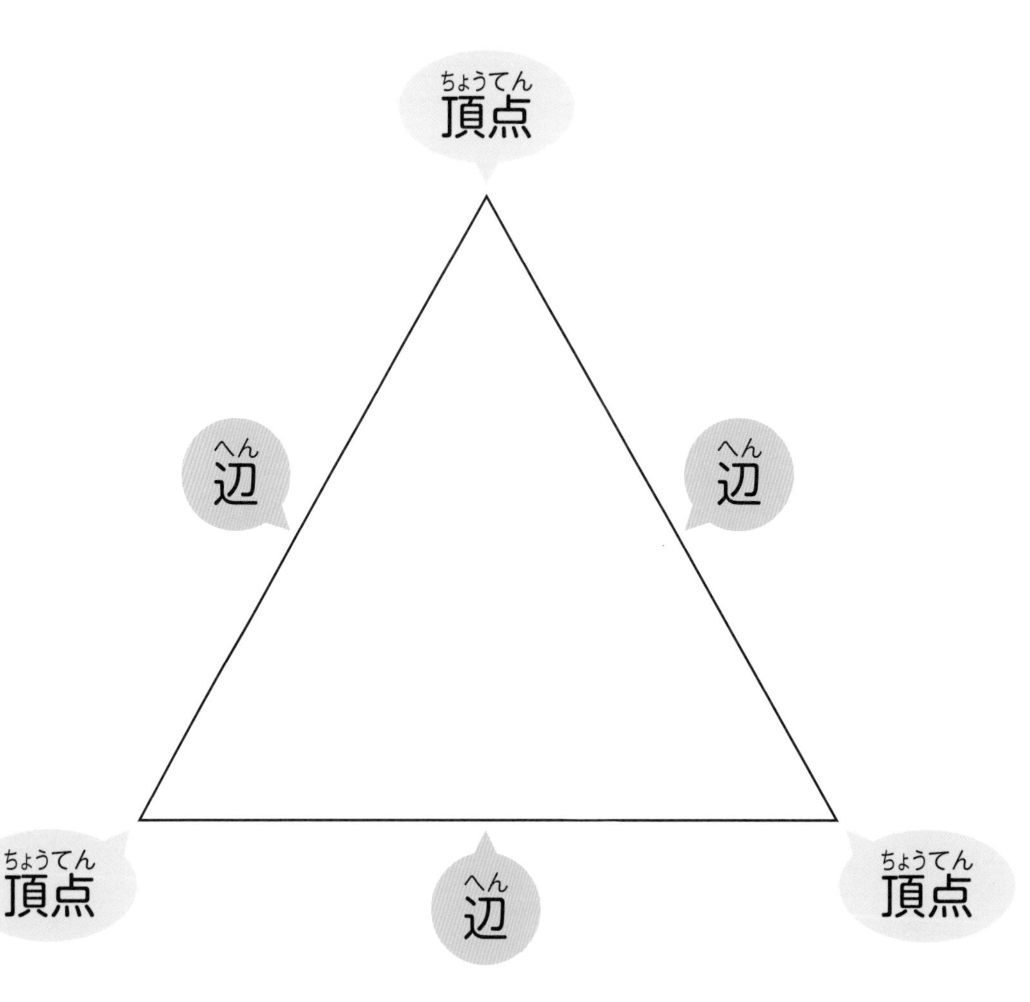

いろいろな三角形(さんかくけい)の紹介(しょうかい)

いろいろな三角形(さんかくけい)を描(か)いてみましょう。

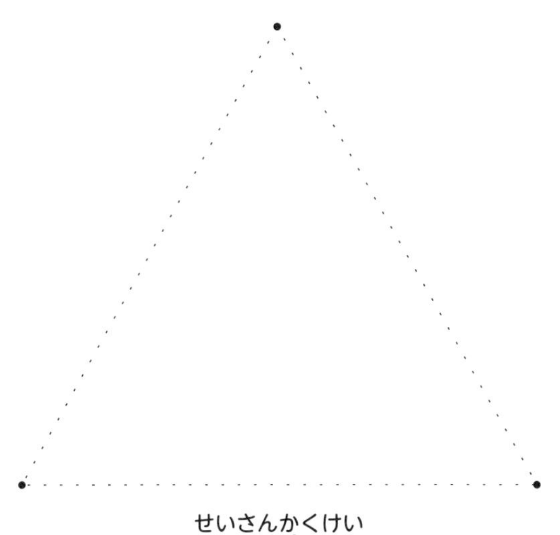

正三角形(せいさんかくけい)

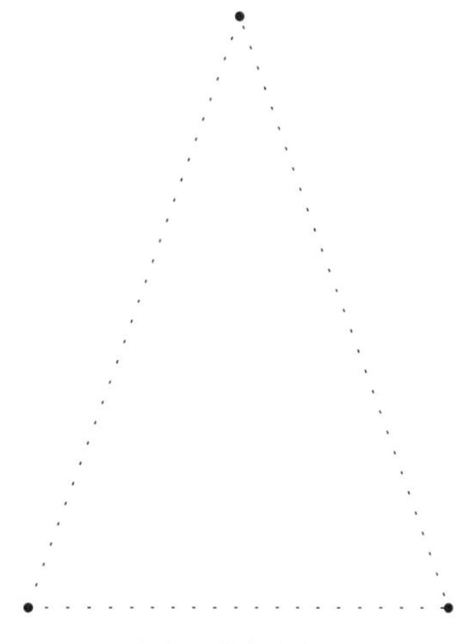

二等辺三角形(にとうへんさんかくけい)

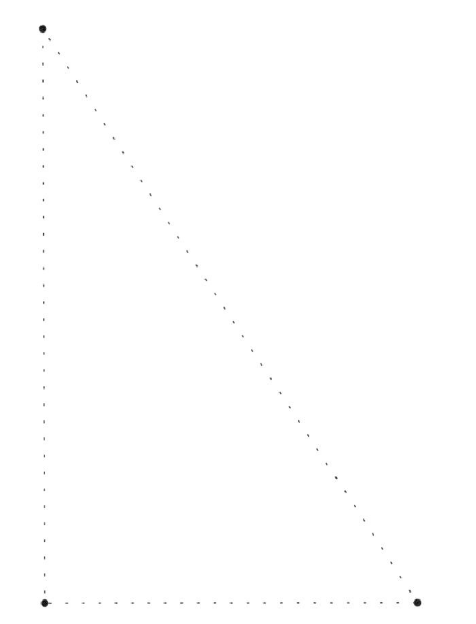

直角三角形(ちょっかくさんかくけい)

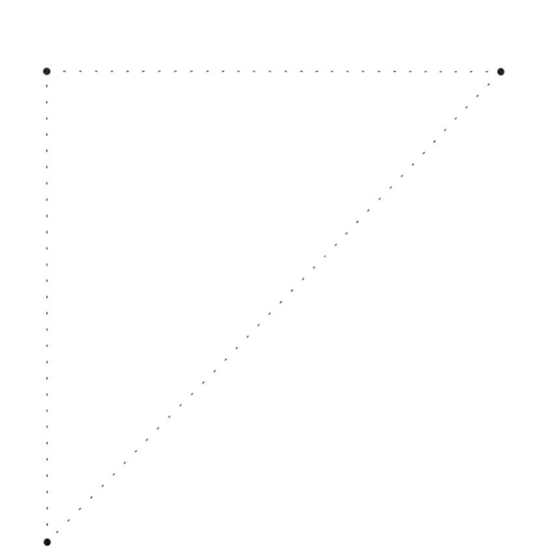

直角二等辺三角形(ちょっかくにとうへんさんかくけい)

正三角形の紹介

３つの辺の長さが全て同じ三角形を「正三角形」といいます。
正三角形は３つの角の大きさも全て同じ60° です。

角度というのは角のひらきぐあいをあらわす単位のこと。
小さな「°」は、「ど」って読むよ！

正三角形を描きましょう。

頂点

角

60°

辺は頂点と頂点をむすぶ線のコト

辺

正三角形の角度は３つとも60°

60°

60°

くるくる　してても　きちんと　さんかく

コロン　コロン　コロン　コロン　コロン　コロン

しってた？

正三角形の角度や長さの性質は図形の問題を解く手掛かりになることが多いので、重要な図形です。
図形の難問も、正三角形を見つけられたら解ける！というものが多くあります。

正三角形を描こう

定規を使って正三角形を描きましょう。

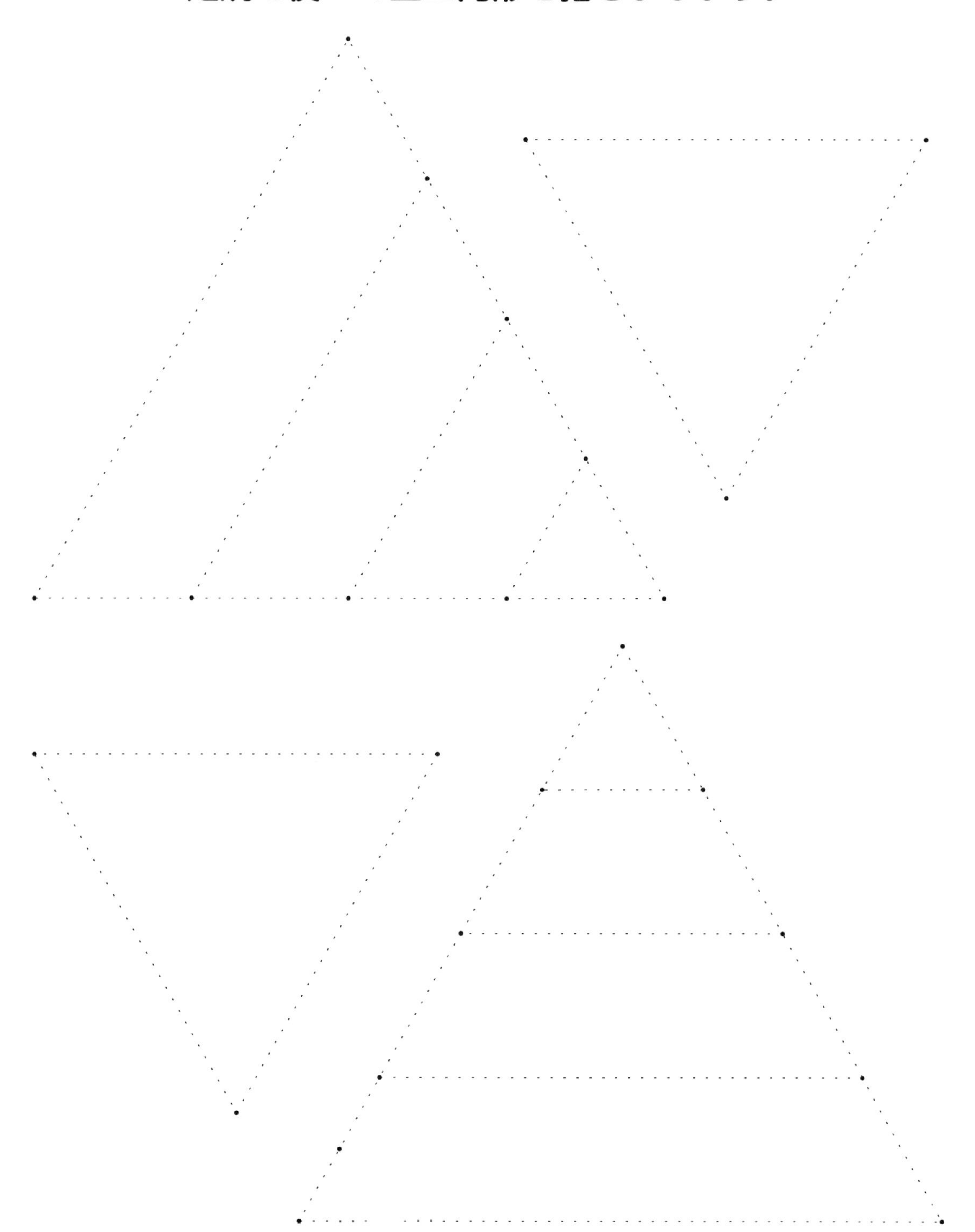

二等辺三角形の紹介

三角形の３つの辺のうちの少なくとも２つの辺の長さが同じ三角形を「二等辺三角形」といいます。もう一つの辺は底辺といいます。底辺の両端の角の大きさは同じです。

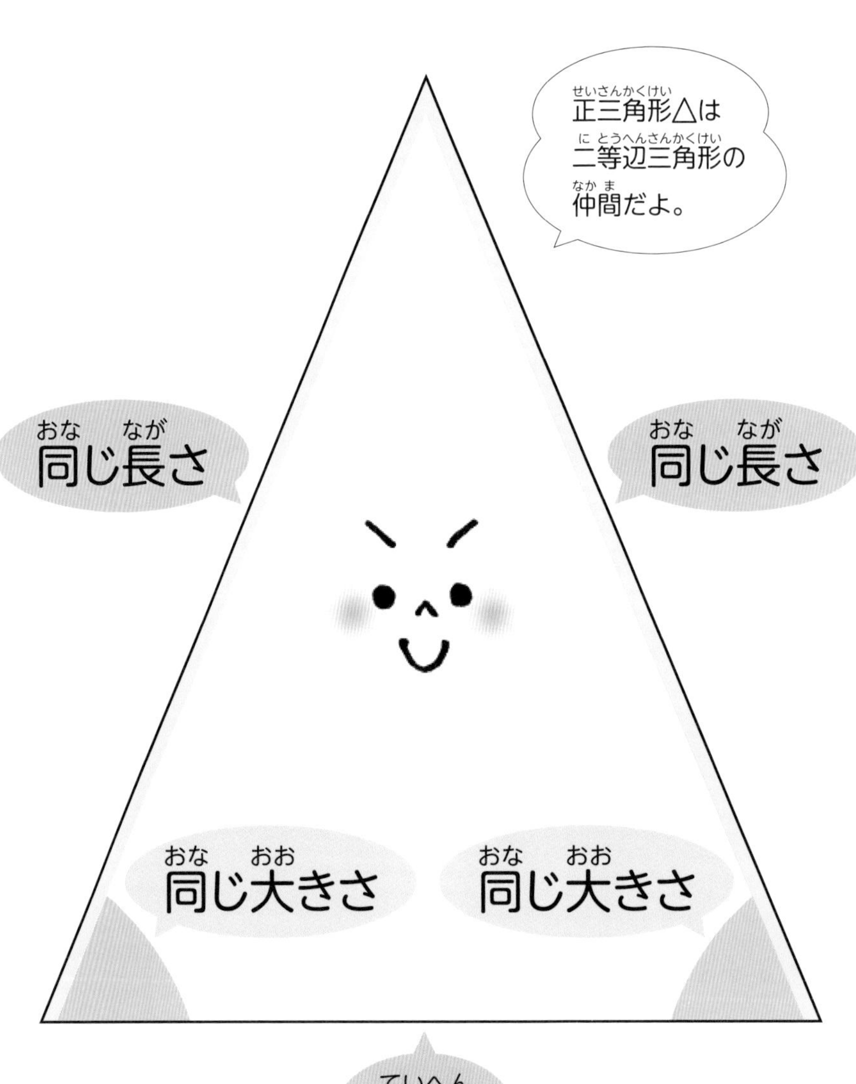

二等辺三角形を描く

二等辺三角形を描きましょう。
下の三角形はどれも二等辺三角形です。

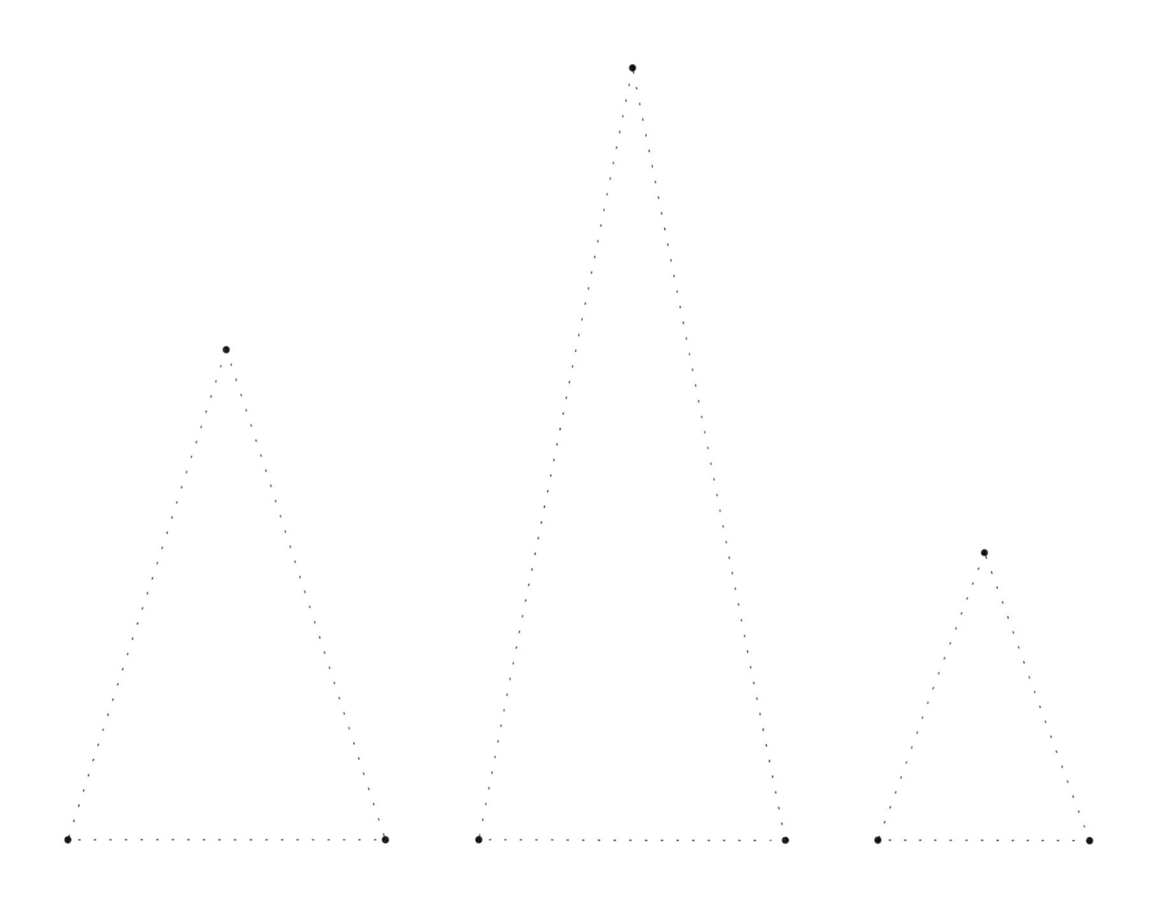

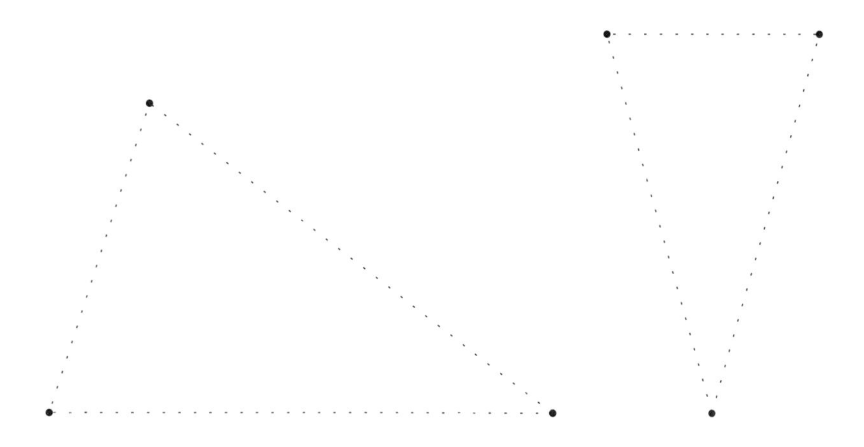

内接円と外接円とは？

三角形の３つの頂点が全て円周に接するように円の中に入っています。
このような三角形を「円に内接する三角形」といい、
円を「三角形の外接円」といいます。

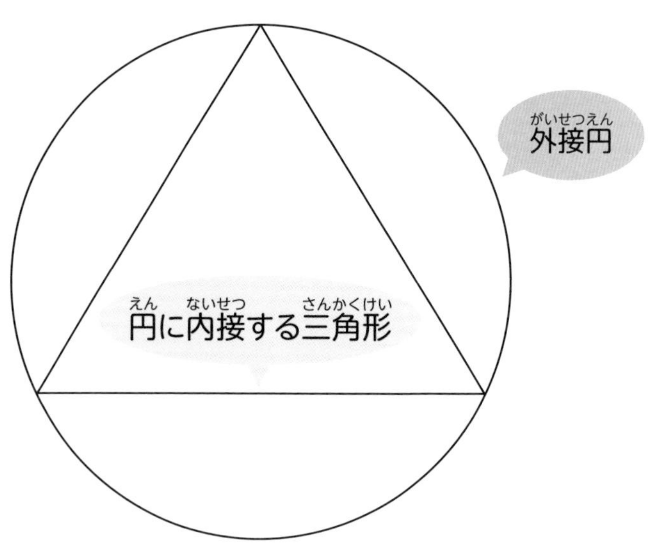

円が三角形の３つの辺に接して三角形の中に入っています。
このような円を「三角形の内接円」といい、
三角形を「円に外接する三角形」といいます。

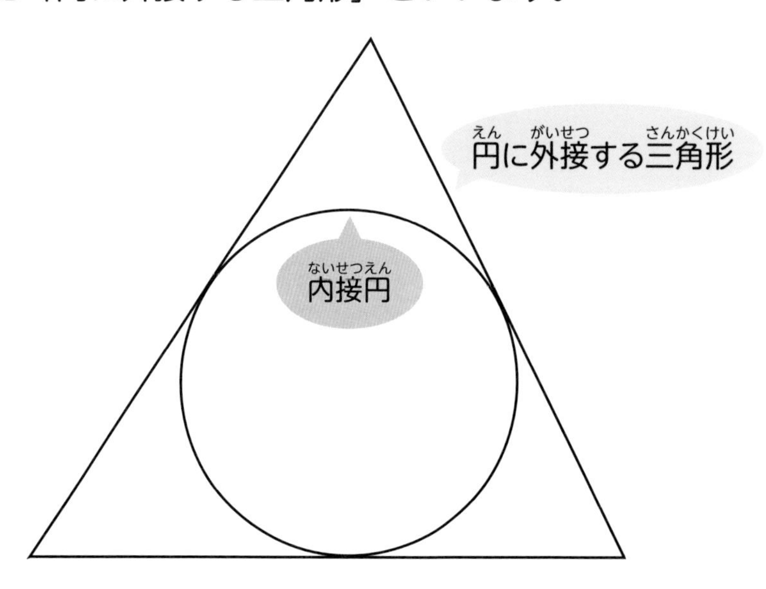

内接円と外接円を描いてみよう!

定規を使って、０から３まで順に線で結んで正三角形を描き
その三角形の中にちょうど入る円（内接円）と
三角形の３つの頂点を通る円（外接円）を描きましょう。

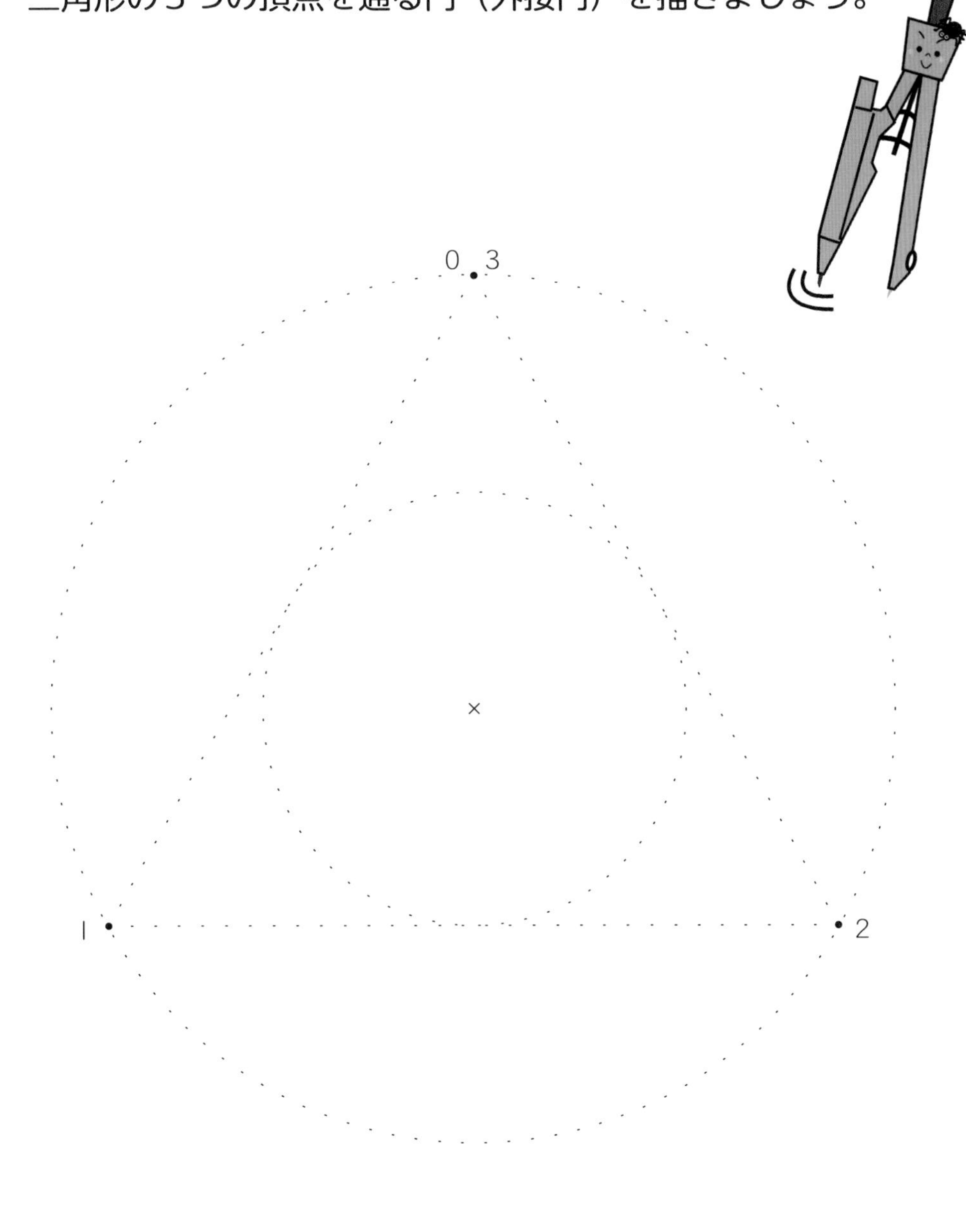

丸(まる)の中(なか)に三角形(さんかくけい)や正方形(せいほうけい)が入(はい)っているよ!!

正三角形(せいさんかくけい)

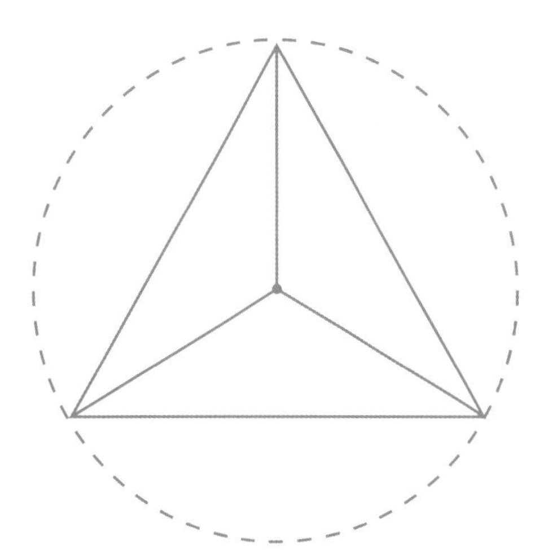

正方形(せいほうけい)

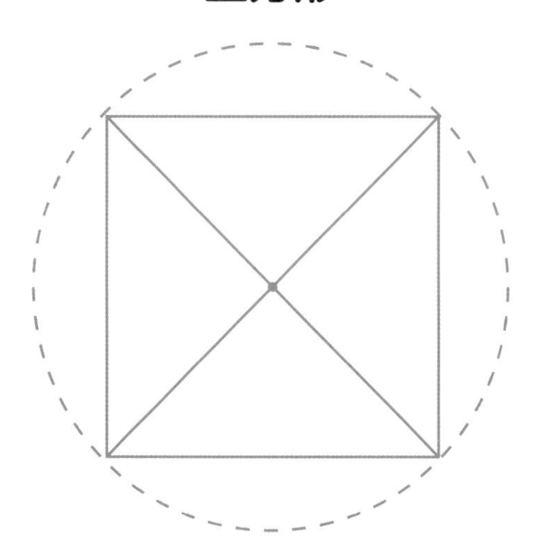

正五角形(せいごかくけい)

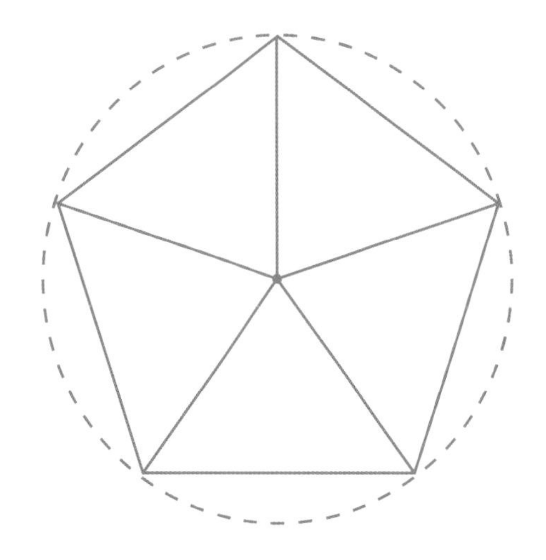

正六角形(せいろくかくけい)

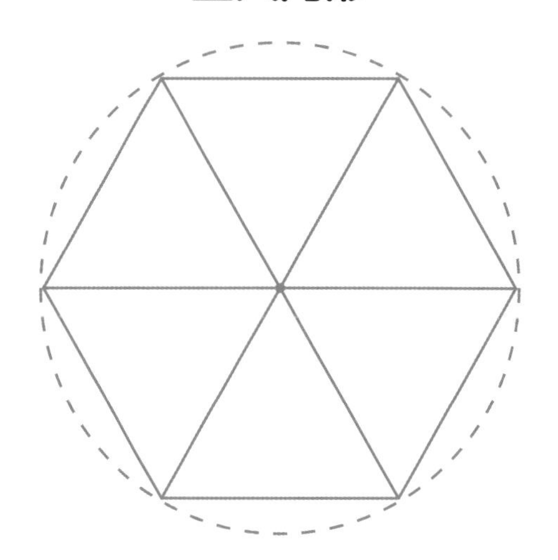

内接円と外接円をコンパスを使って、なぞってみよう！

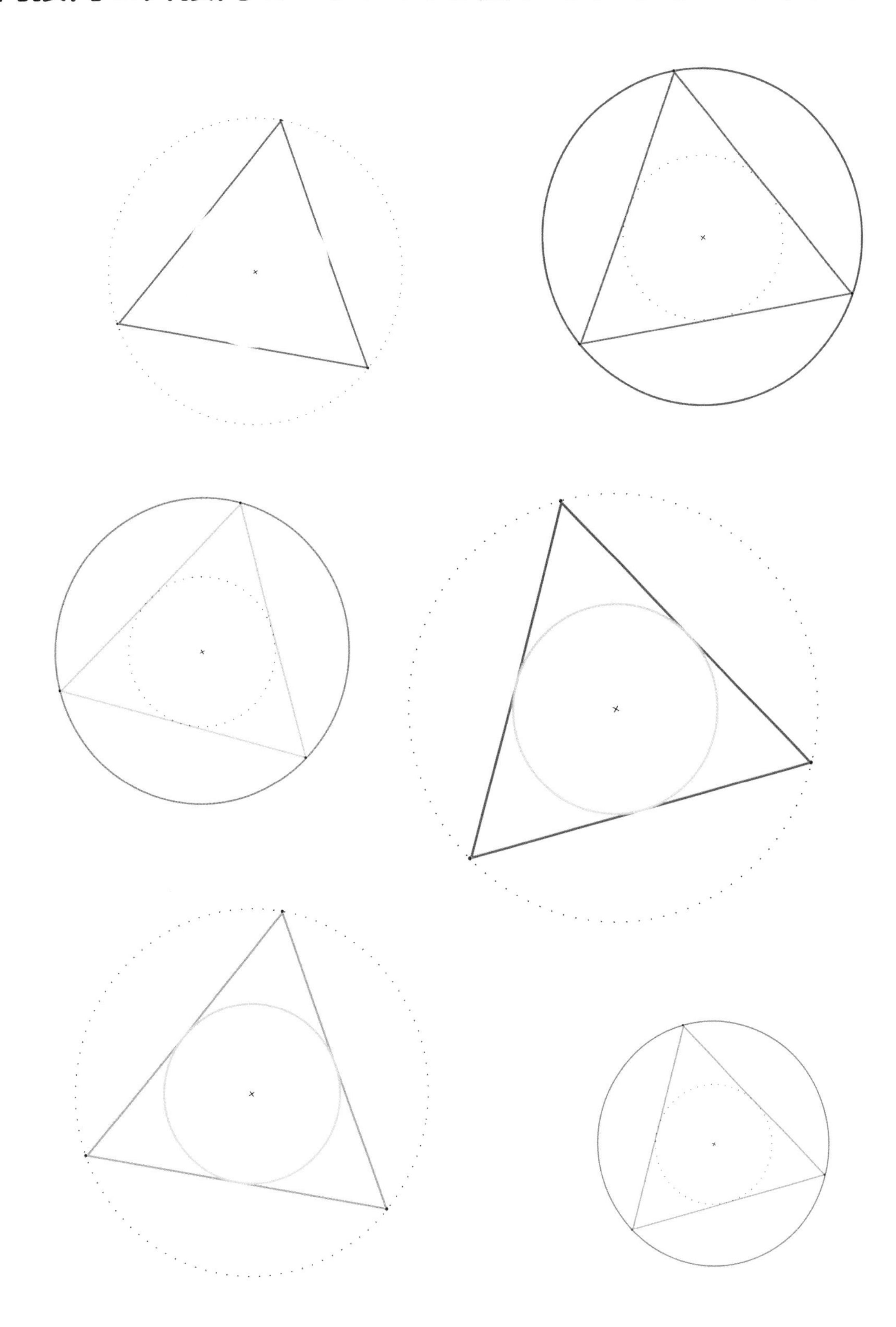

内接円（ないせつえん）と外接円（がいせつえん）をコンパスを使（つか）って、なぞってみよう！

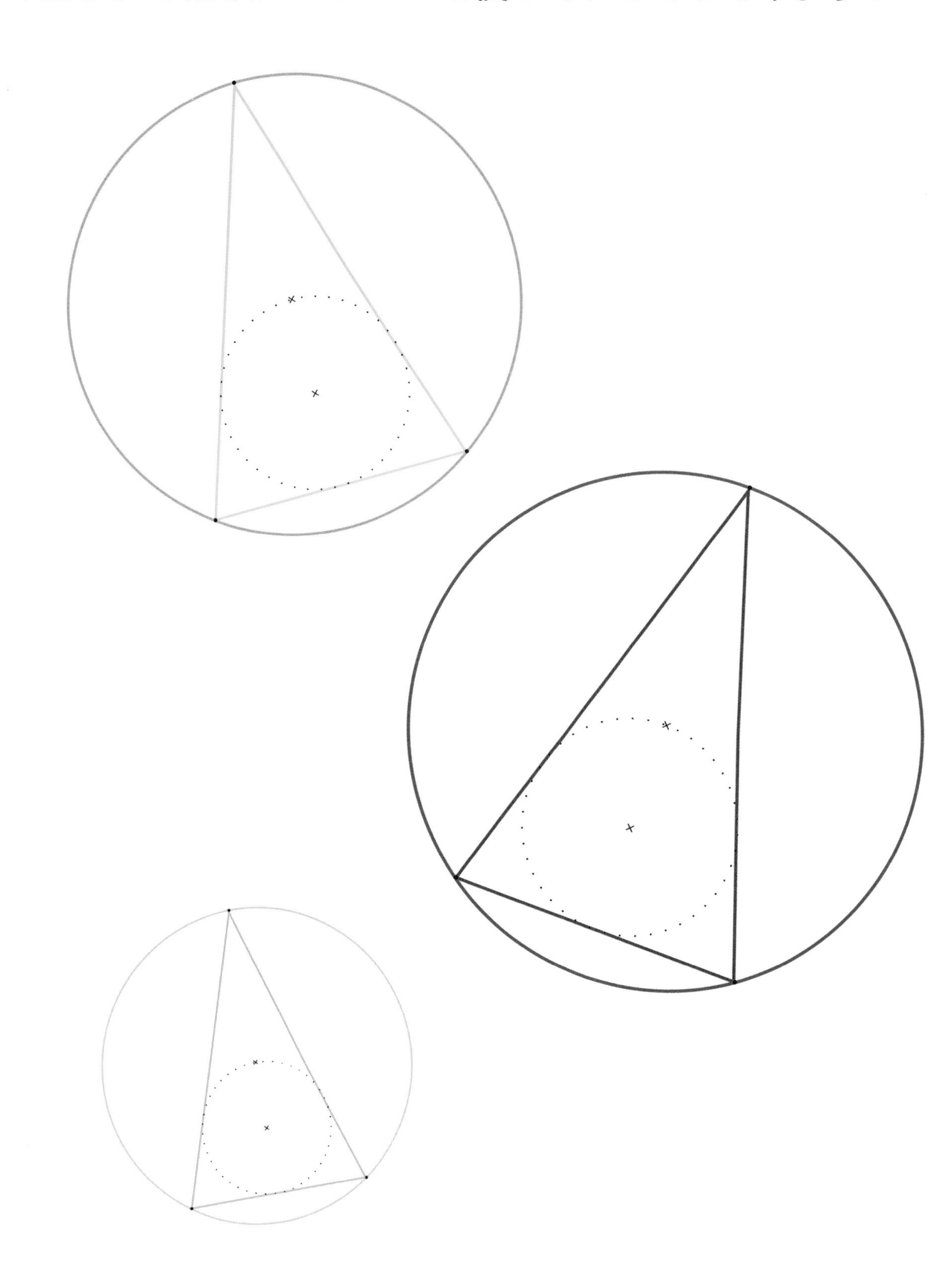

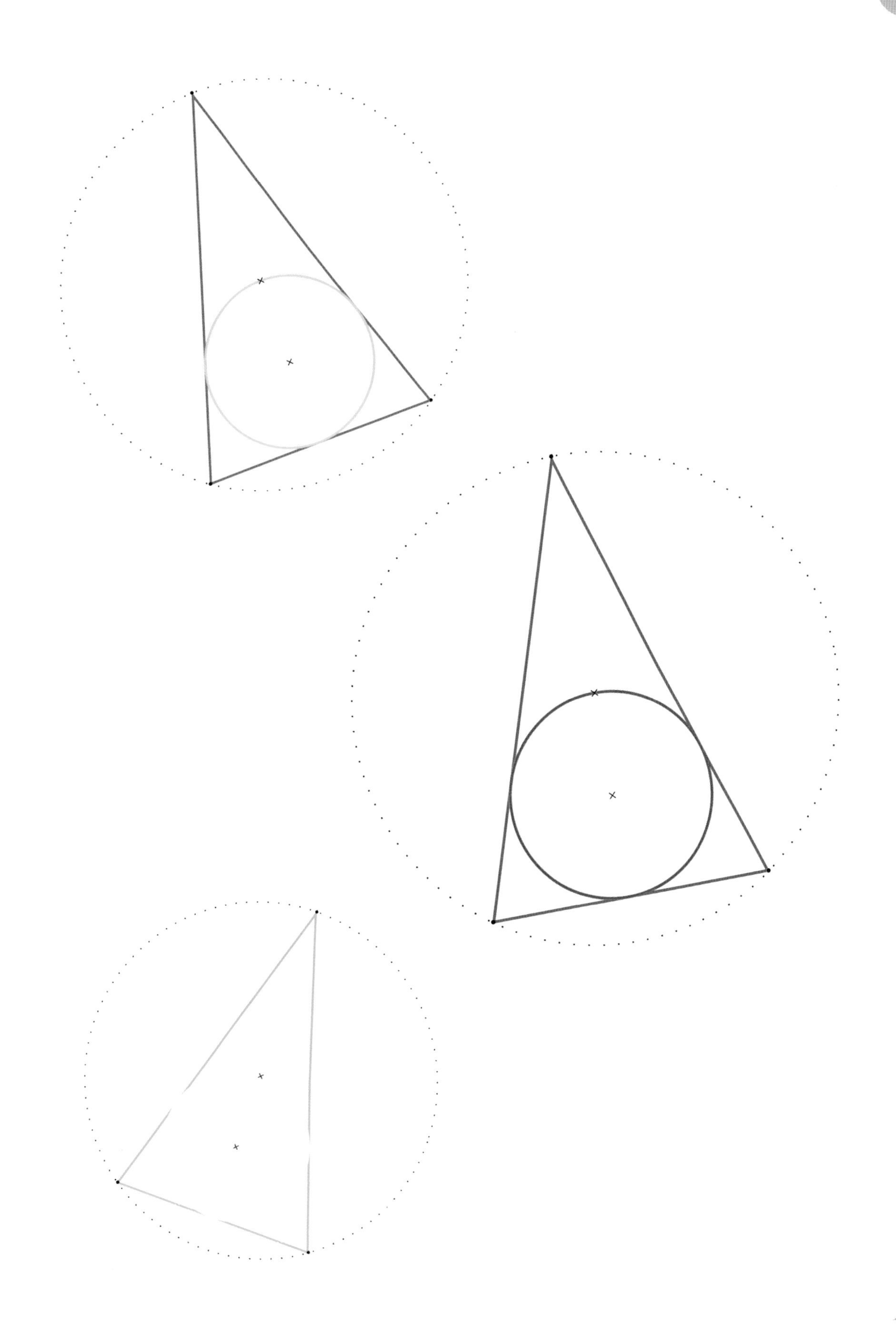

正方形の紹介

下の図は真四角です。作図では「正方形」といいます。
正方形は辺が４つ、頂点が４つでできています。
４つの辺の長さは全て同じ長さです。
４つの頂点の角の大きさは全て90°（直角）です。
１つの頂点から向かい合っている頂点を結んだ線を
「対角線」といいます。正方形の対角線は２本引くことができます。
２本の対角線が交わった所は直角ができています。
これを正方形の対角線は「垂直に交わる」といいます。

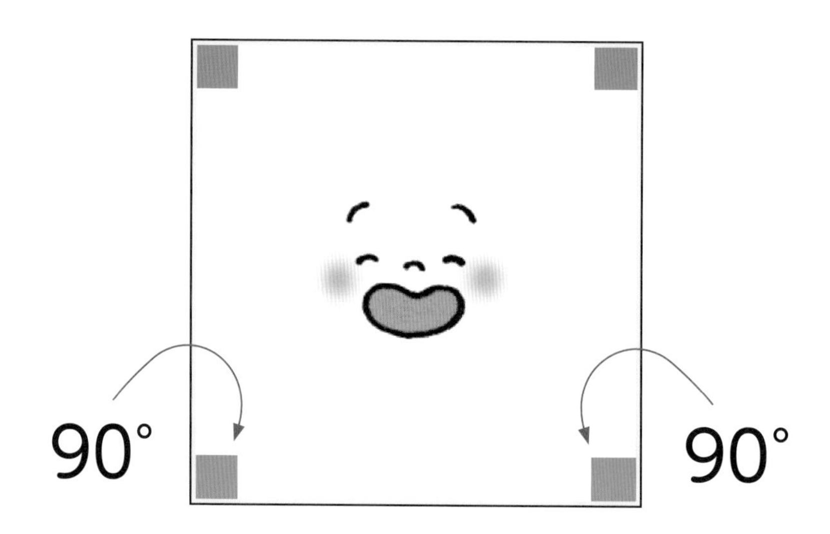

4つの辺がすべて同じ長さで、
4つの角がすべて直角の四角形だよ!

正方形と対角線を描いてみよう!

正方形の　辺の数　　（　　）本

頂点の数　　（　　）こ

対角線の数　（　　）本

頂点の角度　（　　）度

対角線は（　　　　）に交わる。

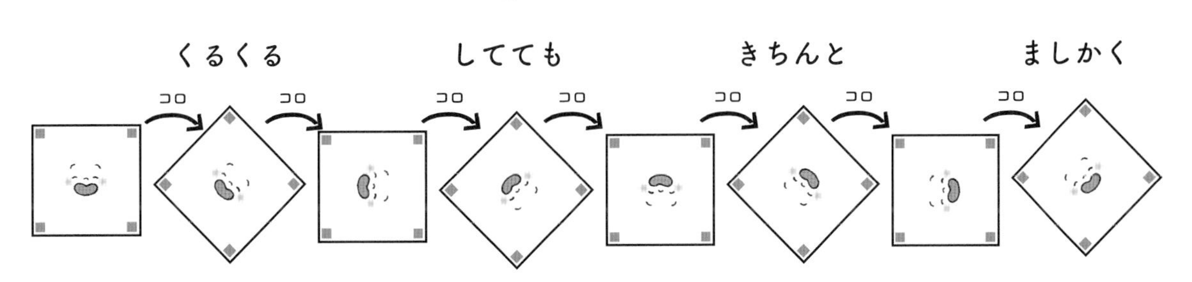

内接円(ないせつえん)をコンパスを使(つか)って、なぞってみよう！

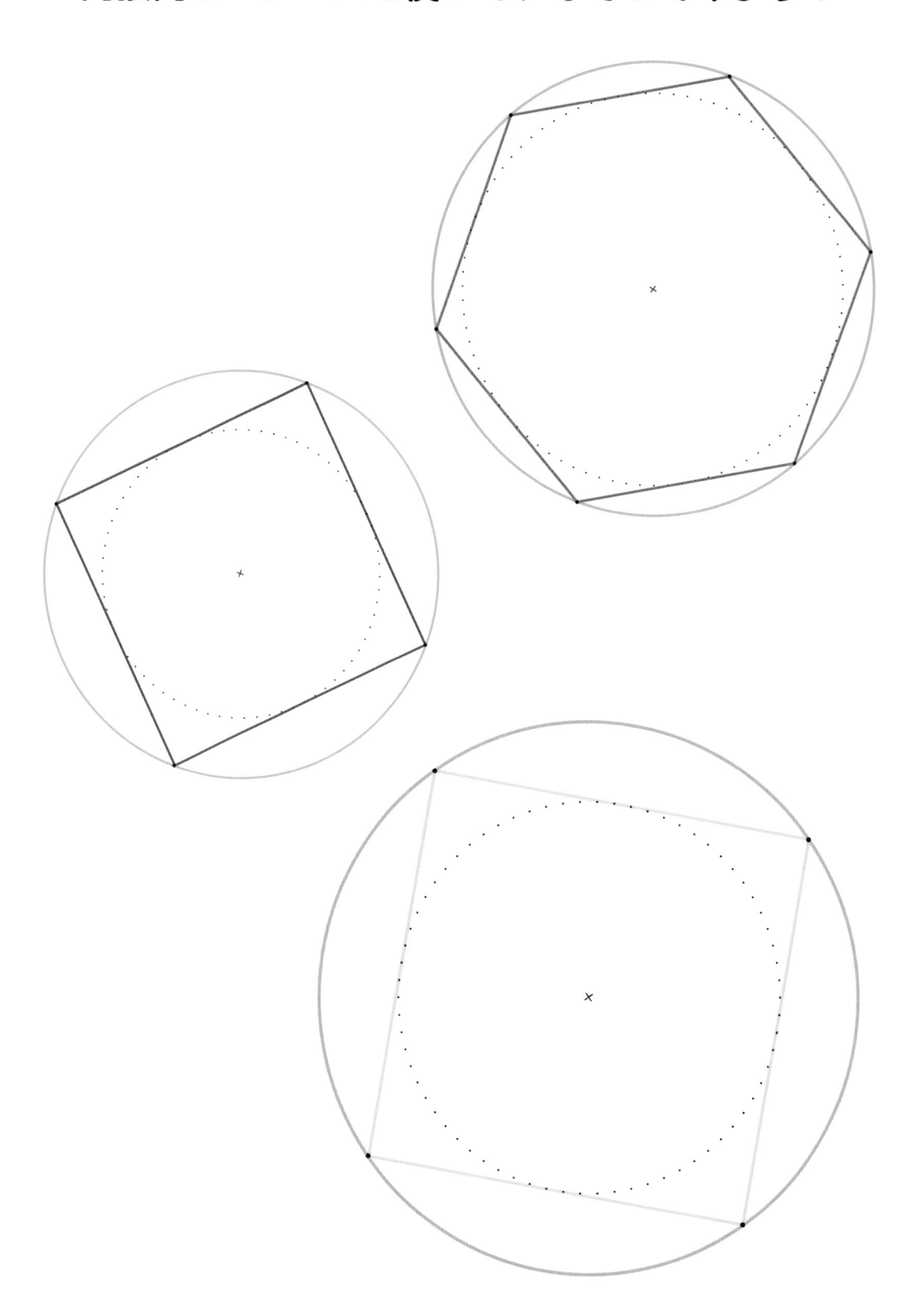

外接円(がいせつえん)をコンパスを使(つか)って、なぞってみよう！

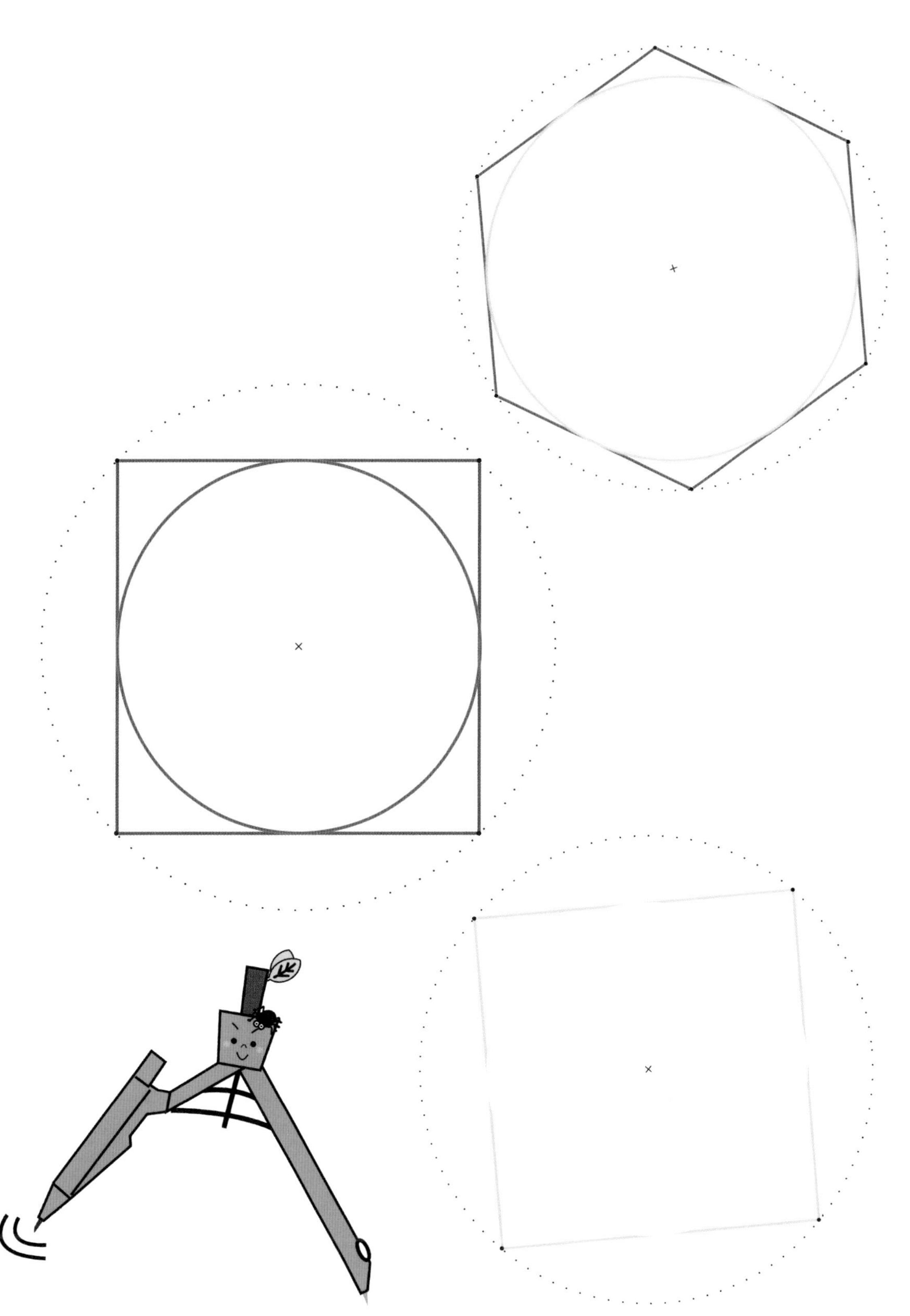

いつでも、どこでも90°

三角定規の一番大きな角の部分を★に合わせよう！

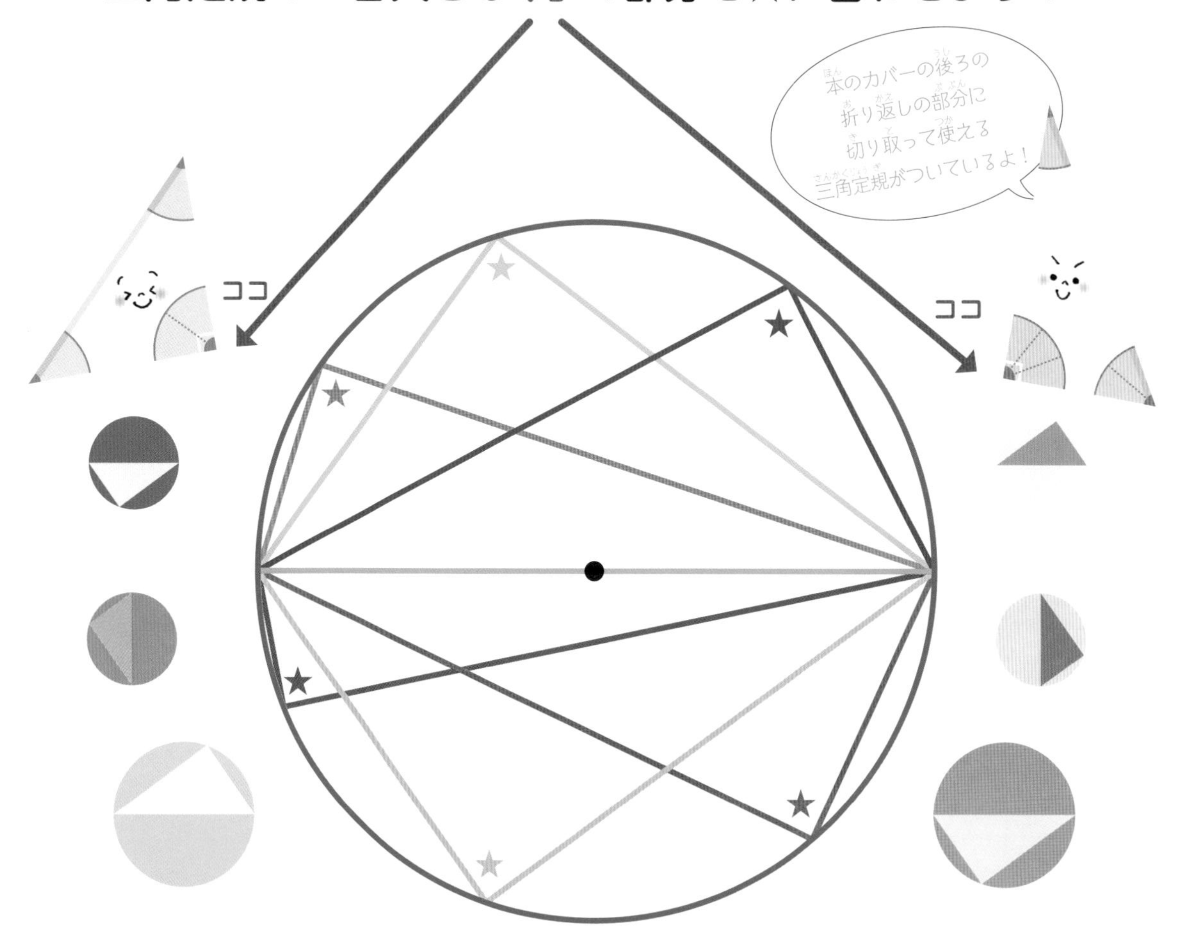

どの★にも、同じようにピタッと合ったでしょう？　三角形の形はそれぞれちがっても、★はみんな同じ90°、つまり直角なんだ。★の部分を「円周角」といい、「直径に対する円周角は直角」と決まっている。

これは、古代ギリシャのタレスという数学者がいったことなんだ。タレスには、影と棒を使ってピラミッドの高さを測り、王様を驚かせたという伝説が残っているよ！

PART 4

コンパスと定規が得意になろう！

おとなの方へ

本格的な作図の第一歩です。
「ピッタリの図が描けた！」という体験をサポートしてあげてください。

外接円の描き方

正方形の4つの頂点が全て円周に接するように円の中に入っています。
このような正方形を「円に内接する正方形」、
その円を「正方形の外接円」といいます。
正方形の外接円の中心は対角線の交点になります。

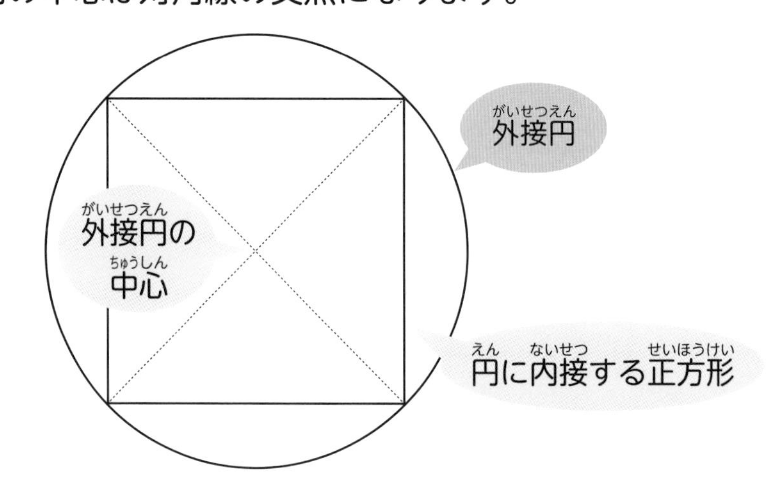

円が正方形の4つの辺に接して正方形の中に入っています。
このような円を「正方形の内接円」、
その正方形を「円に外接する正方形」といいます。
正方形の内接円の中心も対角線の交点になります。

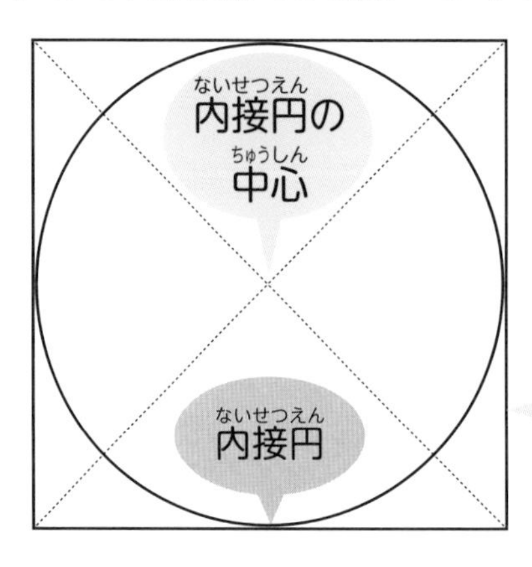

練習ページ

正方形の外接円を作図しましょう。

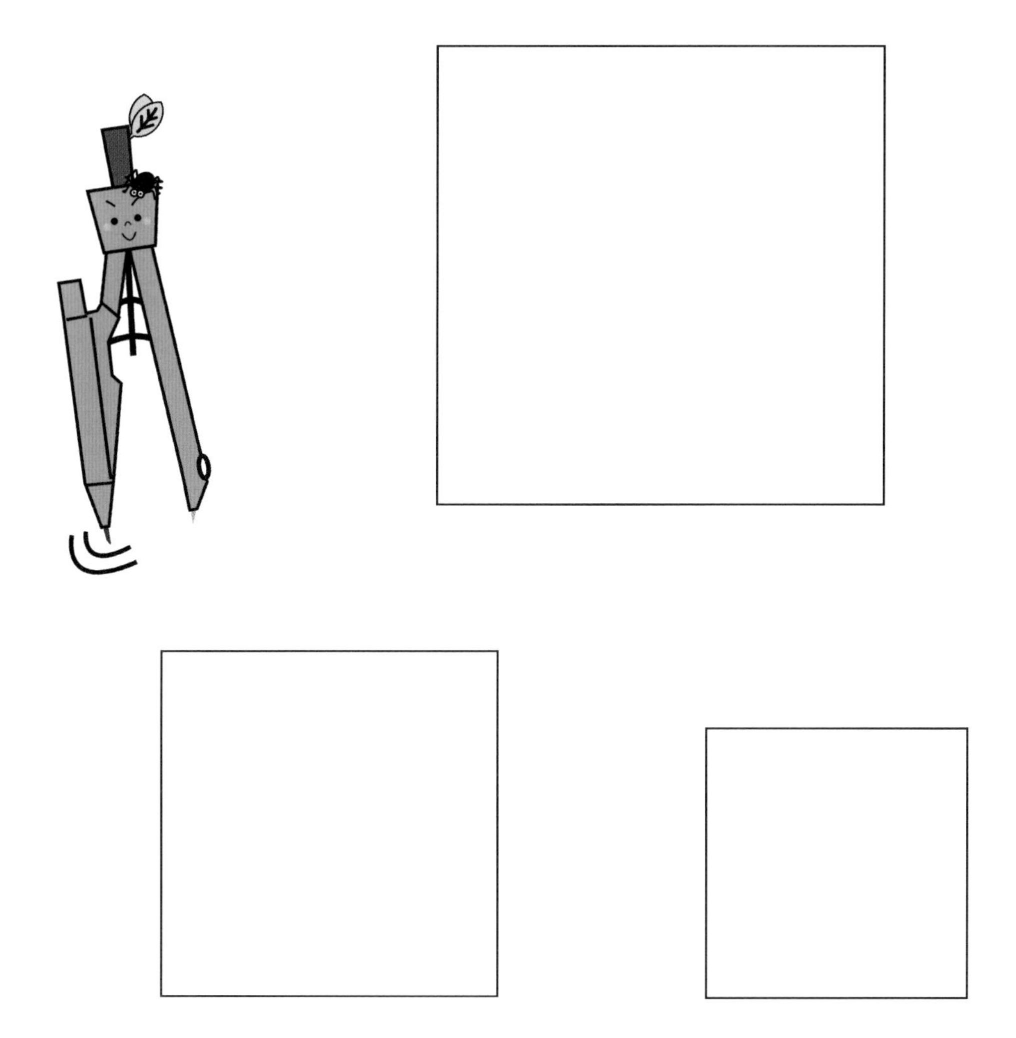

作図の初めの一歩です。

正方形の外接円を作図するには、外接円の中心を見つけます。
正方形の対角線の交点が、外接円の中心です。

長方形の外接円

右の図は長四角です。作図では「長方形」といいます。
長方形も正方形と同じように辺が4つです、
頂点が4つでできています。
向かい合っている同じ長さの辺が2組あります。
4つの頂点の角の大きさは全て90°（直角）です。
長方形の対角線も2本引くことができます。
２本の対角線の長さは同じ長さです。
2本の対角線が交わった所は直角ではありません。
長方形もその外接円を描くことができます。
対角線の交点が外接円の中心になります。
長方形は同じ長さの2組の辺があること、対角線が垂直に交わらないこと、
内接円が描けないことなどが正方形との違いです。

長方形の外接円を描いてみましょう。

長方形の外接円を描いてみよう

長方形の外接円を作図してみましょう。

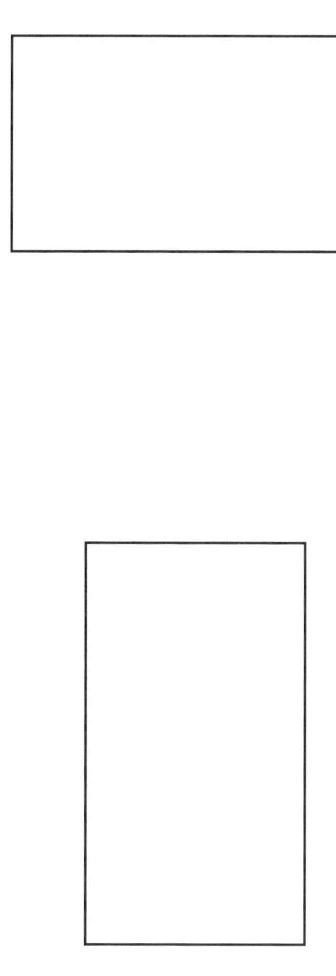

円と三角形は、

これからみんなが算数の勉強をしていくと、こんな問題に出合います。
でも、「円」と「三角形」が大好きになっていれば、
「フムフム、なるほど！」と、答えまでの道すじが見えるように
なってきます。
だから、たくさん円と三角形を描いて、友達になってね！

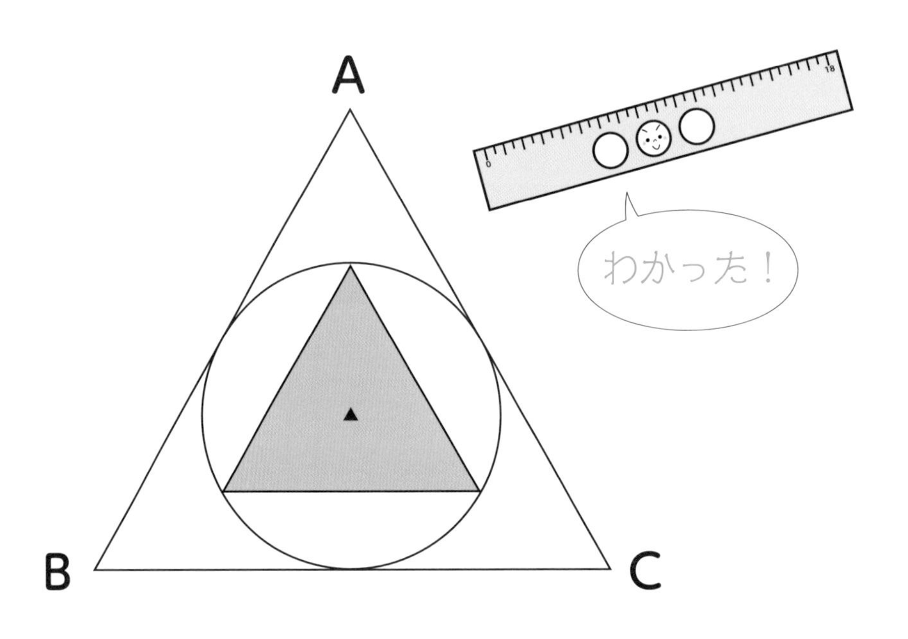

正三角形ABCの中に円がぴったり入っていて、その円の中に正三角形がぴったり入っています。
正三角形ABCの面積が100cm^{2}のとき、円の中の正三角形の面積は何cm^{2}ですか。

（慶応中等部　2011年）

図形問題の王様

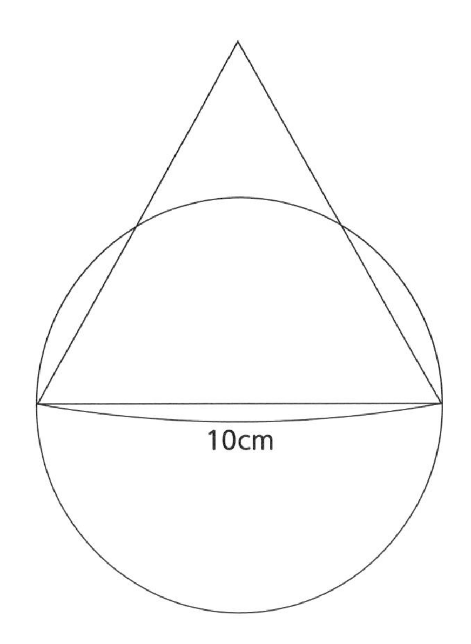

1辺10cmの正三角形と、直径10cmの半円が図のように重なっています。このとき黄色の部分の面積を少数第1位まで求めましょう。

(灘中学校)

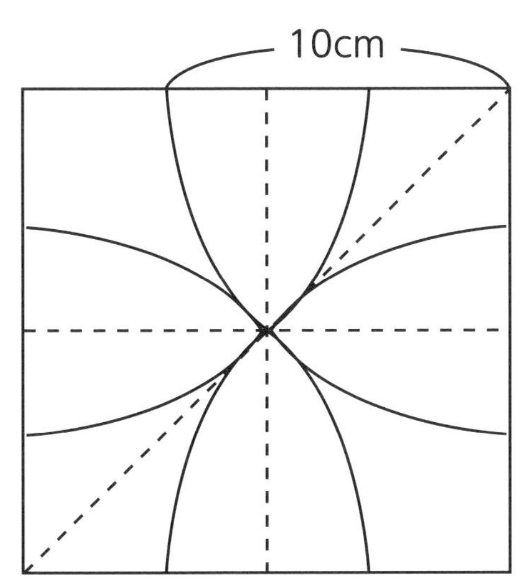

正方形の各頂点から同じ形のおうぎ形を描いたら、右図のようになりました。このとき、正方形の面積を求めなさい。

(筑波大学附属中学校)

おわりに

コンパスはいつ生まれたの?

およそ4,000年前の古代ギリシャで、作図のために木でつくられたものが最初だといわれているよ。
紀元前６世紀頃に活躍した数学者のピタゴラスも、幾何学（図形を研究する学問のこと）にコンパスを使っていたんだって。

イギリスの大英博物館に行くと、古代ローマ時代に使われていたコンパスや三角定規を見ることができるよ！

万物は数である　Pythagoras

日本のお金は、なぜ「円」と言うの?

今から150年前の1871年、当時の明治政府は、海外の強い国々にならって、新しいお金の制度をスタートさせたんだ。それまでの小判や銀貨といった丸くない硬貨（コイン）を使うのをやめて、すべて丸いコインに統一した。それで、円形のコインにちなんで、日本のお金の単位を「円」にしたといわれているよ！

丸くなったから「円」になった！

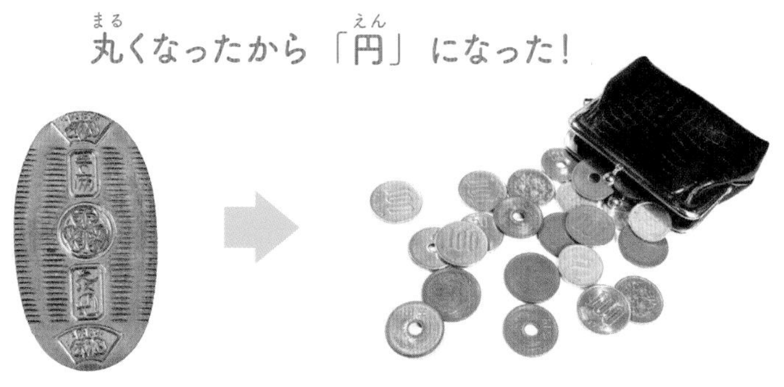

＊円の起源には諸説あります

なぜ、どちらも「コンパス」？

きみたちの筆箱に入っている「コンパス」のほかにも、方角を調べるために使う「方位磁石」も「コンパス」と呼ばれているよ。知っていた？

そもそも、きみたちが使っているコンパスは、もともとは「円を描く道具」ではなく、ある点からの等しい距離を、簡単に調べるための道具だったんだ。昔の人が航海をするときに、それはとても便利だったんだよ。

同じように、航海をするときに必要なのが方位磁石。どちらも大切で役に立つことから、同じ「コンパス」と呼ばれるようになったんだって。

どちらもコンパス？

初めてコンパスを使った日本人

コンパスは、日本では江戸時代に導入されたんだ。全国を測量して歩き、くわしい日本地図を完成させた、地理学者の伊能忠敬が、竹製のコンパスを使ったのが最初だといわれているよ！

星はなぜ丸いの?

砂場で山をつくって遊んでいると、どんどんくずれていってしまうよね。これは「万有引力」という力がはたらいているからだよ。万有引力というのは、地球の中心に向けて引き寄せられる力のことで、中心からの距離が同じであれば、同じ力がはたらくんだ。
星は、いろいろな物質が引き寄せられ集まってできている。中心から同じ力で均等に引き寄せられるから、多くの星が自然と丸くなるんだ。わかるかな？

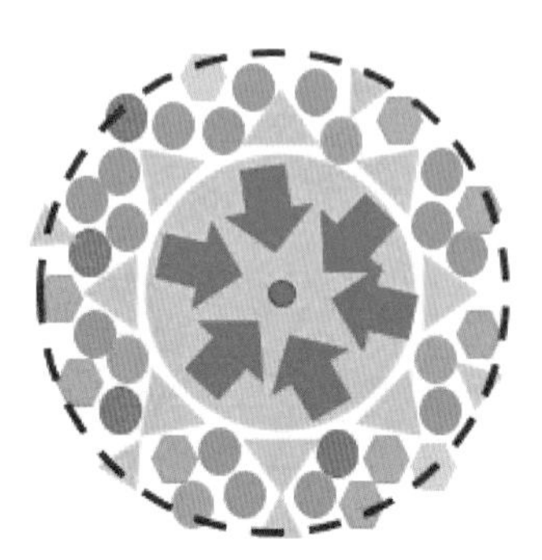

中心へ同じ力で
引き寄せられると丸くなる

ところで、地球はまん丸に見えるけど、じつは少しだけ赤道方向にふくらんでいるんだ。これは地球が自転（回転）をしているからで、「遠心力」がはたらくから、横方向に伸びたんだ。この遠心力と万有引力を合わせたものを「重力」というんだよ。
日本の人工衛星「はやぶさ」が着陸した「イトカワ」などの小惑星は、地球のように大きくないため重力も小さい。だから、丸くならないんだ。

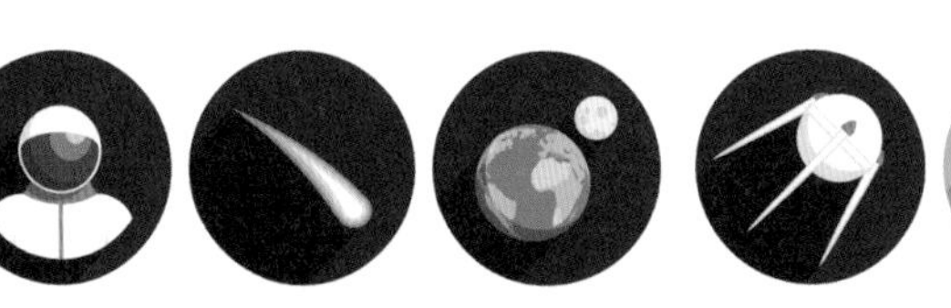
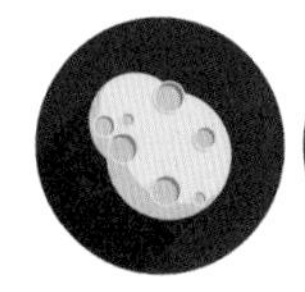
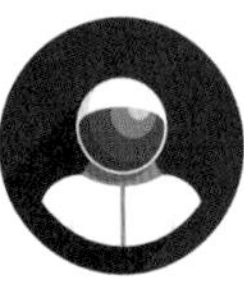

くだものが丸いのはなぜ?

万有引力を発見したのは、17世紀の物理学者ニュートン。リンゴが木からポトッと落ちるのを見て「ひらめいた！」というお話を、きみも聞いたことがあるかもしれないね。

ところで、そのリンゴは丸いよね。ほかにもナシやメロン、ブドウなど、丸いくだものはたくさんある。でも、星のように大きくないのに、くだものはどうして丸くなったのだろう？

仮に同じ重さの丸と四角のくだものがあったとすると、表面の皮の部分は、丸いほうが小さい。すべての立体的な形の中で一番小さくなるのが「球」なんだ！　くだものは丸くなることで、なるべく表面を少なくして、皮から水分を蒸発しにくくしていると考えられているんだ。

同じ重さ（体積）なら、
表面の大きさ（面積）は
球のほうが小さくなる

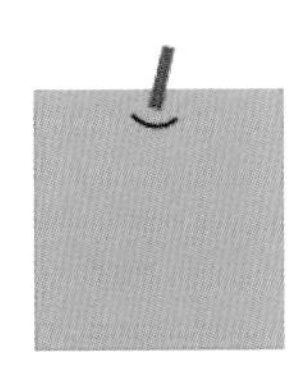

また、皮までの距離がどこでも同じだと、大切な「タネ」を守れるとか、表面が丸いと、害虫がとまることができない（食われにくい）とか、雨や風の被害を最小限にできるといった説もある。くだものって頭がいいんだね！

四角だっていいじゃないか！

歯車はなぜ丸いものが多い?

円は、軸を中心に回転すると、きれいに回る。「コマ」で考えてみるとわかりやすい。四角形や三角形のコマがあまりないのは、ちゃんと中心部に軸があっても、中心からの距離が場所によってちがってしまうから、力のかかり方にバラつきが出て、安定させるのがむずかしいからなんだ。
歯車が丸いのも、回転する運動や、回転したときに出る力が安定するからだ。

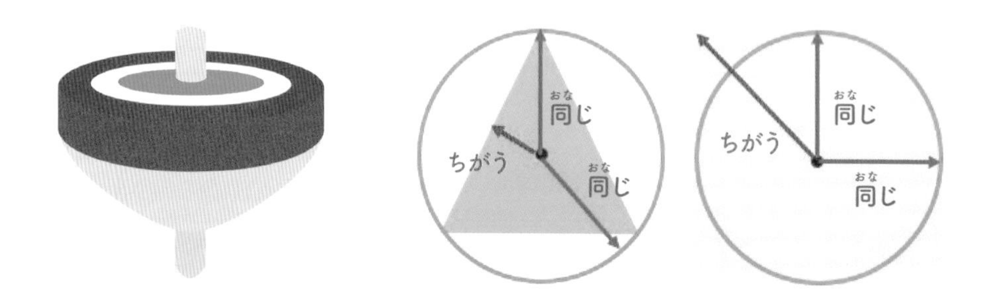

円は中心からの距離がどこでも同じなので安定して回る。三角形や四角形は距離が変わるので安定して回らない

歯車の「歯」は何のためにあるの?

自転車の場合、歯の部分がピッタリと入るように、チェーンにも等間隔で「すき間」が空いているね。こうしないと、歯車の「回転する力」をうまく伝えることができないんだ。「歯」と「すき間」が、常に一致していれば、別の歯車に確実に回転する力を伝えることができるよ!

歯車にはこんなはたらきも!

● 歯の数を変えてスピードを変える

自転車のペダル側の歯車の歯の数が「20個」、後輪側が「10個」の場合

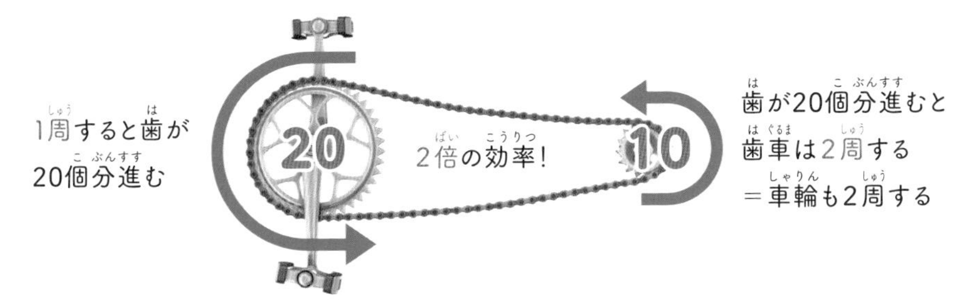

前後の歯が同じ数だと、後輪も同じだけしか回らない

● 進行方向を変える

歯車同士を直接つなぐと、回転する方向が変わるよ。自動車や船などがバックするのは、この仕組みを使っているからだよ。

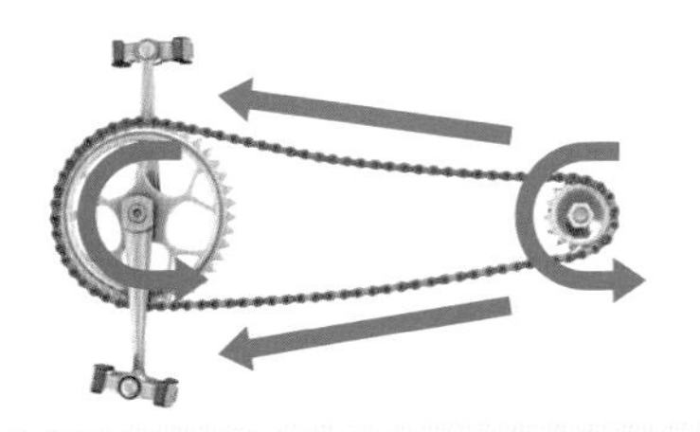

歯車は同じ方向に回転するので前に進む

歯車は逆方向に回転するので後ろに進む

歯車はほかのどんなものに使われているかな?

[監修]

上里　龍生　うえさと　たつお

1945年静岡県生まれ。東京電機大学電子工学科卒業。
現在　学校法人上里学園理事長。仔羊幼稚園園長
1975年FA研（日本幼児基礎能力研究会）を設立し幼児教育及び教材の研究開発に着手。
教材は全国各地の幼稚園・保育園・幼児教室において素晴らしい成果を上げています。
小学生向けの教材も多数。主な著書に『コンパスパイダー』がある。

手を使って伸ばす図形センス
親子で楽しく学べる
スゴイ！　コンパス作図ドリル

2021年９月15日　第1刷発行
2023年７月７日　第4刷発行

監修　上里龍生

発行者　小林真弓
発行所　エッセンシャル出版社
〒103-0001　東京都中央区日本橋小伝馬町7-10
ウインド小伝馬町Ⅱビル6F
Tel 03-3527-3735　Fax 03-3527-3736

印刷・製本　シナノ印刷株式会社

ISBN978-4-909972-18-7　C6041

表紙・本文デザイン　株式会社アクセス
表紙・本文イラスト　MARI　MARI　MARCH（マリマリマーチ）
本文イラスト　KIKA
写真提供　iStock